U0146038

中国气候变化蓝皮书（2024）

Blue Book on Climate Change in China (2024)

中国气象局气候变化中心　编著

科学出版社

北　京

内 容 简 介

为深入认识气候变化的科学事实，全面反映中国在气候变化监测、基础科学研究和关键技术研发等方面的新成果、新进展，中国气象局气候变化中心组织近70位专家编写了《中国气候变化蓝皮书（2024）》。本书内容分为五章，从大气圈、水圈、冰冻圈、生物圈和气候变化驱动因子等方面提供中国和全球气候变化的新事实、新趋势，可为各级政府制定气候变化相关政策提供基础科技支撑，为积极践行习近平生态文明思想、推进防灾减灾和应对气候变化提供基础数据和科学信息。

本书可供各级决策部门，以及气象、资源环境、农业、林业、水利、能源、经济和外交等领域的科研与教学人员参考使用，也可供对气候和生态环境变化感兴趣的读者参考。

审图号：GS 京（2024）0890 号

图书在版编目（CIP）数据

中国气候变化蓝皮书. 2024 / 中国气象局气候变化中心编著. -- 北京：科学出版社, 2024. 7. -- ISBN 978-7-03-079018-7

Ⅰ. P467

中国国家版本馆CIP数据核字第2024U3Z836号

责任编辑：杨逢渤 李嘉佳 / 责任校对：樊雅琼
责任印制：徐晓晨 / 封面设计：无极书装

科学出版社 出版

北京东黄城根北街16号
邮政编码：100717
http://www.sciencep.com

北京汇瑞嘉合文化发展有限公司印刷
科学出版社发行 各地新华书店经销

*

2024年7月第 一 版 开本：787×1092 1/16
2024年7月第一次印刷 印张：8
字数：200 000

定价：128.00元

（如有印装质量问题，我社负责调换）

序

2023 年是全球有观测记录以来最暖的一年，极端天气气候事件频发多发重发。气候变化与人口、粮食、能源、生态、环境等问题交织叠加，气候风险的聚集、连锁、放大效应凸显，自然与人类系统正面临着气候变暖带来的严重威胁和挑战。

中国是全球气候变化的敏感区和显著区。2023 年，中国平均气温为 20 世纪以来最高，西南地区发生冬春连旱，北方地区沙尘日数为近 20 年最多，华北、黄淮出现多轮高温热浪天气，京津冀地区经历了历史罕见的极端暴雨过程，对社会经济和人民生命财产安全造成了较大影响。气候变化给国家粮食安全、水资源、生态环境、能源安全、重大工程建设、人群健康和社会经济可持续发展等带来了不同程度的挑战。

以习近平同志为核心的党中央高度重视气候变化工作。习近平总书记多次强调"地球是个大家庭，人类是个共同体，气候变化是全人类面临的共同挑战，人类要合作应对"。我国深入推进生态文明建设和绿色低碳发展，积极稳妥推进碳达峰、碳中和，为应对气候变化贡献了中国智慧和力量。2023 年 11 月，中美元首会晤，共同发表了《关于加强合作应对气候危机的阳光之乡声明》，对全球合作应对气候变化产生了积极影响。2024 年 6 月，习近平总书记在全国科技大会上再次强调，要深入践行构建人类命运共同体理念，推动科技开放合作，共同应对气候变化、粮食安全、能源安全等全球性挑战，让科技更好造福人类。

中国气象局全面贯彻落实习近平总书记关于气象和气候变化工作的重要指示批示精神，以经济社会高质量发展等重大需求为牵引，加强气候变化监测、基础科学研究和关键核心技术攻关，不断提升气候变化影响评估、风险预估、决策支撑能力，健全气候变化科技成果发布制度，为国家和区域应对气候变化提供高质量科学数据与服务产品。

中国气象局气候变化中心组织编制的《中国气候变化蓝皮书（2024）》，以翔实的科学监测数据，系统反映了中国、亚洲和全球气候变化的新事实、新趋势，以期为积极践行习近平生态文明思想、推进防灾减灾和应对气候变化提供科技支撑。

面对新形势、新需求，中国气象局将以加快推进气象科技能力现代化和社会服务现代化为抓手，协同社会各界加强应对气候变化科学研究，不断揭示气候变化的科学事实，进一步提升应对气候变化科技支撑水平和服务国家战略决策与政策行动的能力，为实现"双碳"目标愿景和推动构建人类命运共同体作出更大贡献！

中国气象局党组书记、局长

2024 年 6 月

目　　录

摘　要

　　气候系统综合观测和多项关键指标表明，气候变暖趋势仍在持续。2023年，全球平均温度较工业化前水平高1.42℃，2015～2023年是自1850年有气象观测记录以来最暖的9个年份；最近10年（2014～2023年），全球地表平均温度较工业化前水平高出约1.2℃。2023年，亚洲陆地表面平均气温比常年值（本报告使用1991～2020年气候基准期）偏高0.92℃，为1901年以来的第二高值。

　　1901～2023年，中国地表年平均气温呈显著上升趋势，平均每10年升高0.17℃；2023年，中国地表平均气温较常年值偏高0.84℃，为1901年以来的最暖年份；1901年以来的10个最暖年份中，有9个均出现在21世纪；2014～2023年，中国地表平均气温较常年值偏高0.52℃，较1961～1990年平均值高出1.45℃。1961～2023年，中国各区域年平均气温呈一致性的上升趋势，但升温速率区域差异明显，北方地区升温速率明显大于南方地区、西部地区大于东部地区；青藏地区升温速率最大，平均每10年升高0.35℃；华南和西南地区升温速率相对较缓，平均每10年分别升高0.21℃和0.18℃。1961～2023年，中国上空对流层气温呈显著上升趋势，而平流层下层（100 hPa）气温表现为下降趋势；2023年，中国上空对流层低层平均气温为1961年以来的最高值，平流层下层平均气温为1961年以来的第三低值。

　　1961～2023年，中国平均年降水量呈增加趋势，平均每10年增加5.2 mm，且年代际变化特征明显；20世纪90年代中国平均年降水量以偏多为主，21世纪最初十年总体偏少，2012年以来以偏多为主。1961～2023年，中国各区域平均年降水量变化趋势差异明显，青藏地区平均年降水量呈显著增多趋势，西南地区平均年降水量呈减少趋势；21世纪初以来，华北、东北和西北地区平均年降水量呈波动上升，华中地区平均降水量年际波动幅度增大。2023年，中国平均降水量较常年值偏少3.7%，其中西南地区平均降水量为1961年以来第四少；中国平均年降水日数为1961年以来第二少。

　　1961～2023年，中国平均相对湿度阶段性变化特征明显，20世纪60年代中期至80年代后期相对湿度偏低，1989～2003年以偏高为主，2004～2014年总体偏低，

2015 年以来波动回升。1961～2023 年，中国平均风速和日照时数均呈下降趋势；2015 年以来平均风速出现小幅回升。1961～2023 年，中国平均≥10℃的年活动积温呈显著增加趋势；2023 年，≥10℃活动积温为 1961 年以来的最高值。

1961～2023 年，中国极端低温事件显著减少，极端高温事件自 21 世纪初以来明显增多，极端强降水事件呈增多趋势；2023 年中国平均暖昼日数为 1961 年以来最多。

1949～2023 年，西北太平洋和南海台风生成个数呈减少趋势；20 世纪 90 年代后期以来登陆中国台风的平均强度波动增强；2023 年，西北太平洋和南海台风生成个数为 17 个，为 1949 年以来第二少；其中 6 个登陆中国，登陆中国台风平均强度较常年值略偏强；7 月台风"杜苏芮"登陆时强度大、登陆后北上，造成华北、黄淮地区出现历史极端强降雨，过程累积雨量大，海河流域发生流域性洪水。1961～2023 年，北方地区平均沙尘日数呈显著减少趋势，2017 年达最低值后近年来略有回升。1961～2023 年，中国气候风险指数呈升高趋势，20 世纪 90 年代中期以来气候风险指数明显偏高；2023 年，中国气候风险指数较常年值偏高，其中高温风险指数为 1961 年以来的第四高值。

1961～2023 年，东亚夏季风强度总体上呈现减弱趋势，并表现出"强—弱—强"的年代际波动特征。2023 年，东亚冬季风强度接近常年、夏季风强度偏强，南亚夏季风强度偏弱；夏季西北太平洋副热带高压面积偏大、强度显著偏强、西伸脊点位置偏西，其中强度指数为 1961 年以来同期最高值。

1870～2023 年，全球平均海表温度表现为显著升高趋势，并伴随年代际波动，21 世纪初以来全球平均海表温度以偏高为主；2023 年，全球平均海表温度较常年值偏高 0.35℃，为 1870 年以来的最高值。1951～2023 年，赤道中东太平洋共发生了 22 次厄尔尼诺和 17 次拉尼娜事件；2023 年 5 月赤道中东太平洋进入厄尔尼诺状态，并于 10 月达到厄尔尼诺事件标准，至 2023 年 12 月此次厄尔尼诺事件达到峰值。

1958～2023 年，全球海洋（上层 2000m）热含量呈显著增加趋势，且海洋变暖在 20 世纪 90 年代以来显著加速。2023 年，全球海洋热含量再创新高，较常年值偏高 2.02×10^{23} J；北太平洋、南大洋、北大西洋及地中海海域的热含量均创历史新高。1958～2023 年，全球海洋（上层 2000 m）的盐度差指数呈显著增加趋势；2023 年，全球海洋盐度差指数为 1958 年以来的第四高值。

气候变暖背景下，全球平均海平面呈持续上升趋势，1993～2023 年的上升速率为 3.4 mm/a；2023 年，全球平均海平面为有卫星观测记录以来的最高。中国沿海海平面变化总体呈加速上升趋势，1980～2023 年，海平面上升速率为 3.5 mm/a；2023 年，中国沿海海平面较 1993～2011 年平均值偏高 72 mm，为 1980 年以来第六高位；渤海、黄海、东海和南海沿海海平面分别偏高 122 mm、74 mm、43 mm 和 52 mm。

1961～2023 年，中国地表水资源量年代际变化明显，20 世纪 90 年代以偏多为主，2003～2014 年总体偏少，2015 年以来地表水资源量以偏多为主。2023 年，中国地表水资源量较常年值偏少 5.7%；西北诸河和东南诸河流域分别偏少 13.3% 和 10.8%，海河流域偏多 23.7%。1961～2004 年，青海湖水位呈显著下降趋势；2005 年以来，青海湖水位连续 19 年回升；2023 年，青海湖水位达到 3196.60 m，已明显超过 20 世纪 60 年代初期，为 1961 年有观测记录以来的最高水位。2005～2023 年，河西走廊西部的敦煌和月牙泉地下水水位先下降后平稳上升，2023 年月牙泉地下水水位为 2005 年以来最高；而武威东部荒漠区地下水水位呈下降趋势。

1960～2023 年，全球冰川整体处于消融退缩状态，1985 年以来冰川消融加速。2023 年，全球参照冰川处于高物质亏损状态，平均物质平衡量为 –1229 mm w.e.，为 1960 年以来的最低值。中国天山乌鲁木齐河源 1 号冰川、阿尔泰山区木斯岛冰川、祁连山区老虎沟 12 号冰川、长江源区小冬克玛底冰川和横断山区白水河 1 号冰川均呈加速消融趋势，2023 年冰川物质平衡分别为 –1291 mm w.e.、–1075 mm w.e.、–853 mm w.e.、100 mm w.e. 和 –1139 mm w.e.，其中老虎沟 12 号冰川为有连续物质平衡观测记录以来的最低值、乌鲁木齐河源 1 号冰川为第二低值。2023 年，乌鲁木齐河源 1 号冰川东、西支末端分别退缩了 13.2 m 和 8.6 m，木斯岛冰川末端退缩 16.6 m，老虎沟 12 号冰川末端退缩 39.4 m，大、小冬克玛底冰川末端分别退缩 10.6 m 和 4.9 m，白水河 1 号冰川末端退缩 8.2 m，其中乌鲁木齐河源 1 号冰川东、西支末端退缩距离均为有观测记录以来的最大值。

1981～2023 年，青藏公路沿线多年冻土区活动层厚度呈显著的增加趋势，平均每 10 年增厚 20.2 cm；2004～2023 年，多年冻土上限温度呈显著的上升趋势，多年冻土呈现明显的退化趋势；2023 年，平均活动层厚度为 260.0 cm，是有观测记录以来的最高值。2002～2023 年，中国主要积雪区平均积雪覆盖率年际波动明显；新疆积雪区平均积雪覆盖率呈显著的下降趋势，东北 – 内蒙古和青藏高原积雪区平均积雪覆盖率线性变化趋势不明显。2023 年，青藏高原积雪区积雪覆盖率为 2002 年以来的最低值，新疆积雪区为 2002 年以来的第三低值。

1979～2023 年，北极海冰范围呈显著减小趋势，3 月和 9 月海冰范围平均每 10 年分别减少 2.6% 和 14.1%；2023 年，3 月和 9 月北极海冰范围较常年值分别偏小 3.9% 和 21.7%。1979～2023 年，南极海冰范围无显著的线性变化趋势；但在 1979～2015 年，南极海冰范围呈现波动上升；2016 年以来海冰范围总体以偏小为主。2023 年，9 月南极海冰范围较常年值偏小 15.1%，为有卫星观测记录以来的同期最小值；2 月南极海冰范围较常年值偏小 38.1%，亦为有卫星观测记录以来的最小值。2022/2023 年冬季，渤海全海域最大海冰面积较常年值偏小 39.2%。

1961～2023 年，中国年平均地温（0 cm）呈显著上升趋势，升温速率为 0.34℃/10a；2023 年，中国平均地表温度较常年值偏高 0.94℃，为 1961 年以来的最高值。1993～2023 年，中国不同深度（10 cm、20 cm 和 50 cm）年平均土壤相对湿度总体均呈增加趋势；2023 年，10cm、20cm 和 50cm 深度平均土壤相对湿度分别为 68%、72% 和 75%。

2000～2023 年，中国年平均归一化植被指数（Normalized Difference Vegetation Index，NDVI）呈显著上升趋势，全国的植被覆盖呈现持续变绿趋势；2023 年，中国平均 NDVI 为 0.371，较 2001～2020 年平均值上升 10.6%，为 2000 年以来的第三高值。1963～2023 年，中国不同地区代表性植物春季物候期均呈显著提前趋势，北京站的玉兰、沈阳站的刺槐、合肥站的垂柳、桂林站的枫香树和西安站的色木槭展叶期始期平均每 10 年分别提前 3.4 天、1.4 天、2.3 天、2.7 天和 3.0 天，2023 年西安站色木槭展叶期始期为有观测记录以来最早；落叶期始期年际波动较大，2023 年沈阳站刺槐落叶期始期为有观测以来最早。2007～2023 年，寿县国家气候观象台农田生态系统表现为二氧化碳（CO_2）净吸收；2023 年，二氧化碳通量为 –2.34 kg/(m^2·a)，净吸收较 2011～2020 年平均值偏少 0.22 kg/(m^2·a)。2005～2023 年，西北地区石羊河流域荒漠面积呈减小趋势；2000～2023 年，西南岩溶区秋季植被指数呈显著增加趋势，区域生态状况稳步向好。

过去 30 年，中国南海海域活造礁石珊瑚覆盖率呈下降趋势；2023 年夏季，南海海域未观测到珊瑚热白化事件。1973～2023 年，中国沿海红树林面积总体呈先减少后增加的趋势；2023 年中国红树林面积为 245 km^2，基本恢复至 1990 年水平。

2023 年，太阳活动进入 1755 年以来的第 25 个活动周的峰年阶段，太阳黑子相对数年平均值为 125.3±40.3，超过了第 24 周最高水平（2014 年太阳黑子相对数 113.3±38.2）。1961～2023 年，中国陆地表面平均接收到的年总辐射量趋于减少；2023 年，中国平均年总辐射量为 1496.1（kW·h）/m^2，较常年值偏低 22.9（kW·h）/m^2。

1990～2022 年，中国青海瓦里关全球大气本底站大气二氧化碳浓度逐年上升；2022 年，该站大气二氧化碳、甲烷（CH_4）和氧化亚氮（N_2O）的年平均浓度分别达到：419.3±0.2 ppm[①]、1979±0.6 ppb[②]和 336.5±0.2 ppb，与北半球平均浓度大体相当，均

①ppm，干空气中每百万（10^6）个气体分子中所含的该种气体分子数。
②ppb，干空气中每十亿（10^9）个气体分子中所含的该种气体分子数。

略高于全球平均值。2004～2023年，中国气溶胶光学厚度总体呈下降趋势，且阶段性变化特征明显。2004～2014年，北京上甸子、浙江临安和黑龙江龙凤山区域大气本底站气溶胶光学厚度年平均值波动增加；之后，均呈波动降低趋势。2023年，北京上甸子、浙江临安和黑龙江龙凤山区域大气本底站气溶胶光学厚度平均值较2022年均略有降低，其中上甸子和临安站均为有观测记录以来的最低值。

Summary

The integrated observations and key indicators of the climate system show that the global warming is still ongoing. In 2023, the global mean surface temperature was 1.42℃ higher relative to the 1850–1900 pre-industrial level, and the years of 2015–2023 were the 9 warmest years since meteorological observation records began in 1850. In the past 10 years (2014–2023), the global mean surface temperature has been about 1.2℃ above the pre-industrial level. In 2023, the mean surface air temperature in Asia was 0.92℃ warmer than normal (the period 1991–2020 is taken as the climate reference period in this report), and it is the second-highest value since 1901.

From 1901 to 2023, the annual mean surface air temperature in China exhibited a significantly upward trend, with a rate of 0.17℃ per decade. The 2023 mean surface air temperature in China was 0.84℃ higher than normal, making it the warmest year since 1901. Out of the 10 warmest years since 1901, 9 years were of the 21st century. From 2014 to 2023, the mean surface air temperature in China was 0.52℃ above the normal, and 1.45℃ above the average value in 1961–1990. In the period of 1961–2023, the regional mean surface air temperatures across China were consistently on the rise, but the warming rates differed greatly by regions. The warming rate in northern China was significantly higher than that in the southern region, and it was higher in western China than in the eastern part. The Qinghai-Tibet region owns the largest warming rate of 0.35℃ per decade. By contrast, South China and Southwest China had a relatively slow warming rate, which was 0.21℃ /decade and 0.18℃ /decade, respectively. In addition, in the period of 1961–2023, the upper atmospheric temperature in the troposphere above China showed a significant rising trend, while in the lower stratosphere (100 hPa), it was declining. In 2023, the average air temperature in the lower troposphere above China was the highest since 1961, but the average air temperature in the lower stratosphere was the third lowest since 1961.

In 1961–2023, the average annual precipitation in China kept an increasing trend, and the precipitation increment reached 5.2 mm/decade with distinct characteristics of inter-decadal variation. In the 1990s, the average annual precipitation in China was more than normal, but in the first decade of the 21st century, it was generally below the normal level. Later, the situation was inverted again since 2012. During the period of 1961–2023, the variation trend of annual precipitation differed significantly by region in China. The Qinghai-Tibet region saw a significant increase in the annual precipitation, whereas that in Southwest China was declining. Since the beginning of the 21st century, the annual precipitation has been in a wave-like increasing trend in North China, Northeast China, and Northwest China, but Central China has experienced a larger interannual fluctuation range of annual precipitation. In 2023, the annual average precipitation across China was 3.7% less than normal, with the average precipitation in Southwest China being the fourth least since 1961 and the number of annual rainy days averaged over China the second smallest since 1961.

Between 1961 and 2023, periodical variation was the major feature for the average relative humidity in China, which was in lower values from the mid-1960s to late 1980s, higher values in 1989–2003, generally lower values in 2004–2014, and values fluctuating upward since 2015. In the period of 1961–2023, the average wind speed and sunshine duration in China were both reduced, but since 2015, the wind speed has been slightly rebounding. From 1961 to 2023, China had an obvious increase in the average annual active accumulated temperature of $\geqslant 10\,^{\circ}\mathrm{C}$. In 2023, the active accumulated temperature of $\geqslant 10\,^{\circ}\mathrm{C}$ reached its highest value since 1961.

Between 1961 and 2023, extreme low-temperature events were reduced significantly across China. However, since the beginning of the 21st century, extreme high-temperature events have tended to occur more frequently, and the extreme severe precipitation events presented a tendency to increase. The 2023 average warm days in China were found to be the most since 1961.

During 1949–2023, the number of typhoons generated in the Northwest Pacific and the South China Sea decreased somewhat. However, since the late 1990s, the average strength of typhoons landing in China has intensified in a fluctuating pattern. In 2023, 17 typhoons were born in the Northwest Pacific and the South China Sea, the second lowest since 1949, six of which made landfall in China with their average strength slightly stronger than usual. In July 2023, when Typhoon Doksuri made landfall, it was very powerful, and after its landfall, it moved northward, bringing extremely severe rainfall to the North China and Huanghuai (Yellow River and Huaihe River) regions. The accumulated rainfall amount during this process was so large that a large-scale flood occurred in the Haihe River Basin. From 1961 to 2023, the number of average sand-dust days in the northern part of China was in an obvious declining trend in general, but after the sand-dust days were recorded to be the least in 2017, the situation has changed slightly reversely in recent years. In addition, the climate risk index of China was on a rise side from 1961 to 2023, seen clearly since the mid-1990s. In 2023, China's climate risk index was at a higher level, and the high-temperature risk index was found to be the fourth highest since 1961.

From 1961 to 2023, the East Asian summer monsoon was generally in a weakening trend in strength, characterized by a "Strong-Weak-Strong" interdecadal fluctuation. In 2023, the East Asian winter monsoon was almost as strong as normal, the summer monsoon was stronger than normal, but the South Asian summer monsoon was weaker than normal. The Northwest Pacific subtropical high in summer was larger in acreage and stronger in intensity with its extension ridge point located abnormally more westward. Its intensity index was the highest in the same period since 1961.

In the period of 1870–2023, the global mean sea surface temperature (SST) showed a trend of rising significantly, accompanied by inter-decadal fluctuations. Since 2000, the global mean SST has kept a level higher than normal. In 2023, the global mean SST became higher than normal by 0.35℃, reaching the highest since 1870. Between 1951 and 2023, a total of 22 El Niño events and 17 La Niña events occurred in the equatorial central and eastern Pacific. In May 2023, the equatorial central and eastern Pacific entered a La Niña state, which kept developing and met the criteria of La Niña event in October, reaching its peak by December 2023.

In the period of 1958–2023, the global ocean heat content (OHC) in the upper layer of 2,000 m remained increasing, and ocean warming has been accelerating significantly since the 1990s. In 2023, the global OHC reached a new record, which is 2.02×10^{23} J above the normal value. In particular, the OHCs in the North Pacific, Southern Ocean, North Atlantic, and Mediterranean all reached new highs in records. From 1958 to 2023, the salinity difference index of the upper layer of 2,000 m waters in the global ocean showed a significant increasing trend, and in 2023, this index rose to the fourth highest value since 1958.

With global warming, the global mean sea level (GMSL) has kept rising, with a rising rate of 3.4 mm/year from 1993 to 2023. In 2023, GMSL ascended to the peak level since the satellite observation began. The overall trend of the sea level in China's coastal areas has been rising at an accelerated speed, and during the period of 1980–2023, the sea level in this region kept rising at the rate of 3.5 mm/year. In 2023, the sea level of China's coastal areas was measured 72 mm higher relative to the 1993–2011 average, reaching the sixth highest since 1980, while the coastal sea levels of the Bohai Sea, Yellow Sea, East China Sea, and South China Sea rose by 122 mm, 74 mm, 43 mm, and 52 mm, respectively.

Between 1961 and 2023, the surface water resources in China experienced an obvious inter-decadal variation. There were more surface water resources than normal in the 1990s, but less than normal in 2003–2014 overall. Then, since 2015, China's surface water resources have become more again. However, the amount of surface water resources in 2023 was found to be 5.7% less than normal, and that in the river basins of Northwest China and Southeast China became less by 13.3% and 10.8%, respectively. By contrast, the Haihe River basin saw the added surface water resources by 23.7% in 2023. From 1961 to 2004, the water level of Qinghai Lake was going down, but since 2005, it has been on the rising side consecutively for 19 years. In 2023, the water level of Qinghai Lake was measured to have reached 3196.60 m, exceeding the water level in the early 1960s significantly and being the highest water level recorded since 1961. From 2005 to 2023, the groundwater tables of Dunhuang and Crescent Spring in the west of the Hexi Corridor first decreased and then steadily increased. In 2023, the groundwater of Crescent Spring rose to its highest level since 2005, while the groundwater level in the eastern desert area of Wuwei had a downward trend.

During 1960–2023, the global glaciers were in a state of melting and shrinking as a whole, and the glacier melt has been accelerating since 1985. In 2023, the global reference glaciers experienced high mass losses, with an average mass balance of −1229 mm water equivalent (w.e.), the lowest value since 1960. The accelerated melting trend has been found in Glacier No.1 at the headwaters of Ürümqi River in the Tianshan Mountains, Muz Taw Glacier in the Altai Mountains, Laohugou Glacier No.12 in the Qilian Mountains, Xiao Dongkemadi Glacier in the source region of the Yangtze River, and Baishui River Glacier No.1 in the Hengduan Mountains. In 2023, the mass balances of these glaciers were −1291 mm w.e., −1075 mm w.e., −853 mm w.e., 100 mm w.e. and −1139 mm w.e., respectively, of which the mass balance of the Laohugou Glacier No.12 dropped to the lowest value since the successive observation of mass balance, and the mass balance of Glacier No.1 at the headwaters of Ürümqi River was the second lowest. In 2023, the fronts of the east and west branches of Glacier No.1 at the headwaters of Ürümqi River retreated by 13.2 m and 8.6 m, respectively; the front of the Muz Taw Glacier retreated by 16.6 m; the front of the Laohugou Glacier No.12 retreated by 39.4 m; the fronts of the Da Dongkemadi Glacier and Xiao Dongkemadi Glacier retreated by 10.6 m and 4.9 m, respectively; and the front of the Baishui River No.1 Glacier retreaded by 8.2 m. Among them, the receding distances at the fronts of the east and west branches of Glacier No.1 at the headwaters of Ürümqi River were measured to be the longest distances since the recorded observations.

Between 1981 and 2023, the depth of active layer in the permafrost areas along the Qinghai-Xizang Highway has kept increasing noticeably, with an average increase of 20.2 cm per decade. During 2004–2023, the ground temperature at the permafrost table was on a noticeable rise side, implying an obvious permafrost degradation trend. In 2023, the average depth of the active layer was 260.0 cm, which is the highest value ever since. From 2002 to 2023, there was an obvious interannual fluctuation of the average snow cover fraction in the main snow-covered regions of China. The average snow cover fractions in Xinjiang presented a significant downward trend, whereas the linear variation of the average snow cover in the snow-covered areas of the Northeast-Inner Mongolia and the Qinghai-Tibet Plateau was not distinct. In 2023, the snow cover fraction on the Qinghai-Tibet Plateau descended to the lowest since 2002, and the snow-covered areas in Xinjiang became the third lowest since 2002.

From 1979 to 2023, the Arctic sea ice extent clearly diminished all the time. The Arctic sea ice extents in March and September were seen to have decreased by 2.6% and 14.1% per decade, respectively. The March and September Arctic sea ice extents in 2023 were respectively found to be 3.9% and 21.7% smaller than normal. By contrast, from 1979 to 2023, there was no significant linear variation trend seen in the Antarctic sea ice extent. However, from 1979 to 2015, the Antarctic sea ice extent experienced a fluctuating expansion. Since 2016, the overall range of sea ice has been relatively small. In September 2023, the Antarctic sea ice extent was measured to be 15.1% smaller than normal, being the lowest value in the same period since satellite observation records. Moreover, the February measurement of the Antarctic sea ice extent was lower than normal by 38.1%, which is also the lowest level observed by satellite. Besides, in the winter 2022/2023 the maximum sea ice extent in the whole Bohai Sea area was 39.2% smaller than the normal situation.

During 1961–2023, the annual mean ground temperature (0 cm) in China presented a significant upward trend at a warming rate of 0.34℃ /decade. In 2023, the average land surface temperature in China was 0.94 ℃ higher than normal, the highest since 1961. From 1993 to 2023, the annual soil moisture at different depths (10 cm, 20 cm, and 50 cm) across China was all under the growing way. The 2023 average soil moisture at the depths of 10 cm, 20 cm, and 50 cm was 68%, 72%, and 75%, respectively.

During 2000–2023, the annual average normalized difference vegetation index (NDVI) in China kept increasing significantly with the overall vegetation coverage throughout the country showing a sustained greening trend. Relative to the average NDVI in 2001–2020, the 2023 average NDVI (0.371) rose by 10.6%, recorded as the third highest value since 2000. From 1963 to 2023, the spring phenology of representative plants in different regions of China all presented a significant trend of coming earlier, as evidenced by the earlier first leaf dates of *Magnolia denudata* in Beijing Station, *Robinia pseudoacacia* in Shenyang Station, *Salix babylonica* in Hefei Station, *Liquidambar formosana* in Guilin Station, and *Acer mono* in Xi'an Station by 3.4 days, 1.4 days, 2.3 days, 2.7 days and 3.0 days per decade, respectively. In 2023, the first leaf date of *Acer mono* in Xi'an Station was the earliest since the recorded observation. The autumn phenology had a great interannual fluctuation. In 2023, the beginning date of leaf-falling of *Robinia pseudoacacia* in Shenyang Station was the earliest since the observation began. Between 2007 and 2023, the agro-ecosystem observed by the Shouxian National Climatology Observatory featured net CO_2 uptake. In 2023, the carbon dioxide flux was -2.34 kg/(m^2 · a), and the net carbon uptake was less than the 2011–2020 average by 0.22 kg/(m^2 · a). During 2005–2023, the desert area of Shiyang River Basin was somewhat shrinking. During 2000–2023, the autumn NDVI of the karst area in Southwest China was increasing apparently, and the regional ecological conditions were improving steadily.

Over the past 30 years, the coverage rate of living reef corals in the South China Sea has been declining. There were no coral thermal bleaching events observed in the South China Sea in the 2023 summer. From 1973 to 2023, the overall acreage of mangrove forests along the coast of China showed a trend of first decreasing and then increasing. In 2023, China's coastal mangrove covered an area of 245 km^2, having basically returned to the 1990 level.

In 2023, the solar activity entered the peak year stage of its 25th cycle since 1755, with the annual average of sunspot relative number being 125.3 ± 40.3, exceeding the highest level in the 24th cycle (113.3 ± 38.2 in 2014). During 1961–2023, the average annual total solar radiation received by land surface in China was in a decreasing trend. In 2023, the average annual total radiation in China stood at 1496.1 (kW · h)/m^2, which is 22.9 (kW · h)/m^2 lower than normal.

From 1990 to 2022, the atmospheric CO_2 concentration observed at the Waliguan atmospheric background station in China was going upward year by year. In 2022, the annual mean concentrations of CO_2, methane (CH_4), and nitrous oxide (N_2O) reached 419.3 ± 0.2 ppm[1], 1979 ± 0.6 ppb[2], and 336.5 ± 0.2 ppb, respectively, which were roughly equivalent to the average values in the Northern Hemisphere and slightly higher than the global average. During 2004–2023, the trend of aerosol optical depth (AOD) in China was downward overall, characterized by obvious phased variations. The regional atmospheric background stations of Shangdianzi in Beijing, Lin'an in Zhejiang, and Longfengshan in Heilongjiang all observed fluctuating increases in annual average AOD from 2004 to 2014, after which the observed average AOD at these stations all showed the downward tendency in a wave-like pattern. In 2023, the average AOD values at the Shangdianzi, Lin'an, and Longfengshan stations declined a little relative to the 2022 AOD values, among which the AOD values observed at Shangdianzi and Lin'an stations were the lowest since records began.

---

① ppm = number of molecules of the gas per million (10^6) molecules of dry air.
② ppb = number of molecules of the gas per billion (10^9) molecules of dry air.

第1章 大 气 圈

大气圈既是气候系统中最重要的组成部分，也是气候系统中最不稳定、变化最快的圈层。大气圈不但受到水圈、生物圈、冰冻圈和岩石圈表层的直接作用与影响，而且与人类活动有最密切的关系，气候系统中其他圈层变化产生的影响都会反映在大气圈中。大气圈从地表到 12 ～ 16 km 的部分称为对流层，这是人类活动最为集中，也是变化最剧烈的大气层。对流层以上到 50 km 左右是平流层，大气稳定，以水平运动为主，大气中的臭氧主要集中在该层。平流层之上是中间层和热层以及外层空间。大气圈主要通过大气成分及太阳活动和地球反照率变化驱动下的辐射收支变化等来影响地球的气候。认识气候系统变化，首先需要构建定量的指标来监测大气圈的长期变化。大气温度、降水、湿度、风速等基本气候要素均值或累积量及极端天气气候事件指数是目前监测气候和气候变化的核心指标，已在气候变化科学研究与业务服务中得到广泛应用。此外，表征大气环流变化（如季风活动、副热带高压、北极涛动等）的一些指数也是监测气候变化的重要指标。

1.1 全球和亚洲温度

1.1.1 全球地表平均温度

中国气象局全球表面温度数据集分析表明，2023 年全球地表平均温度较工业化前水平（1850 ～ 1900 年平均值）高出 1.42℃，为自 1850 年有气象观测记录以来的最暖年；2015 ～ 2023 年是有气象观测记录以来最暖的九个年份。20 世纪 80 年代以来，每个十年都比前一个十年更暖；最近 10 年（2014 ～ 2023 年），全球地表平均温度较工业化前水平高约 1.2℃。多套全球表面温度数据集综合分析表明：全球气候系统变暖趋势仍在持续（图 1.1）。

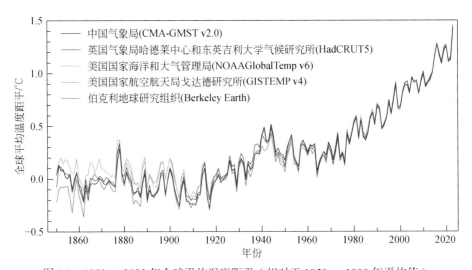

图 1.1　1850 ～ 2023 年全球平均温度距平（相对于 1850 ～ 1900 年平均值）

Figure 1.1　Global annual mean temperature anomalies from 1850 to 2023

(relative to the 1850-1900 average)

1.1.2　亚洲地表平均气温

1901 ～ 2023 年，亚洲地表年平均气温总体呈明显上升趋势，升温速率为 0.15℃ /10a；20 世纪 60 年代末以来，升温趋势尤其显著（图 1.2）；1961 ～ 2023 年，亚洲陆地表面平均气温上升速率为 0.32℃ /10a。2023 年，亚洲陆地表面平均气温较常年值偏高 0.92℃，比 1961 ～ 1990 年平均值高出 1.86℃，是 1901 年以来的第二高值，仅次于 2020 年。

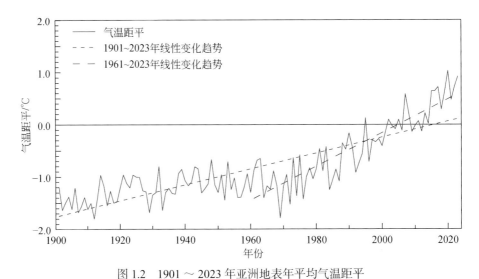

图 1.2　1901 ～ 2023 年亚洲地表年平均气温距平

Figure 1.2　Annual mean land surface air temperature anomalies in Asia from 1901 to 2023

1.2 中国气候要素

1.2.1 地表气温

（1）平均气温

长序列均一化气温观测资料分析（Xu et al., 2018a；唐国利和任国玉, 2005）显示，1901 ~ 2023 年，中国地表年平均气温呈显著上升趋势，升温速率为 0.17℃ /10a，并伴随明显的年代际波动（图 1.3）。1961 ~ 2023 年，中国地表年平均气温呈显著上升趋势，升温速率达到 0.30℃ /10a。2023 年，中国地表年平均气温较常年值偏高 0.84℃，为 1901 年以来的最暖年份。1901 年以来的 10 个最暖年份中，除 1998 年，其余 9 个均出现在 21 世纪；最近 10 年（2014 ~ 2023 年），中国地表平均气温较常年值偏高 0.52℃，较 1961 ~ 1990 年平均值高出 1.45℃。

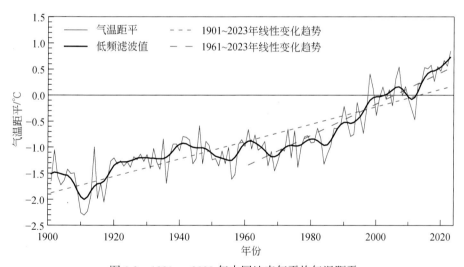

图 1.3 1901 ~ 2023 年中国地表年平均气温距平

低频滤波值曲线，即粗黑线，为去除 10 年以下时间尺度变化的年代际波动，下同

Figure 1.3 Annual mean surface air temperature anomalies in China from 1901 to 2023

Thick black lines represent the low-frequency filter curves obtained by removing the inter-annual temporal variations under 10 years, the same applied hereinafter

1901 ~ 2023 年，北京南郊观象台地表年平均气温呈显著升高趋势，升温速率为 0.15℃ /10a。20 世纪 60 年代末以来，升温趋势尤其显著，21 世纪初至今为主要的偏暖

阶段；20世纪前20年和30～70年代为明显偏冷阶段［图1.4（a）］。2023年，北京南郊观象台地表年平均气温为14.3℃，较常年值偏高1.0℃，为1901年以来最高值。

1909～2023年，哈尔滨气象观测站地表年平均气温呈显著升高趋势，升温速率为0.23℃/10a，高于同期全国平均升温速率［图1.4（b）］。20世纪90年代后期以来为偏暖阶段，40年代以前和50～80年代为偏冷阶段（1943～1948年无观测数据）。2023年，哈尔滨气象观测站地表年平均气温为5.7℃，较常年值偏高0.5℃。

1901～2023年，上海徐家汇观象台地表年平均气温呈显著上升趋势，升温速率为0.24℃/10a，高于同期全国平均升温速率。20世纪初至80年代气温较常年偏低，90年代末期以来年平均气温偏高［图1.4（c）］。2023年，徐家汇观象台地表年平均气温为18.4℃，较常年值偏高0.9℃，与2022年并列为上海徐家汇观象台有观测记录以来的第三高值。

1908～2023年，广州气象台地表年平均气温呈显著上升趋势，升温速率为0.16℃/10a［图1.4（d）］；且20世纪80年代中期以来升温明显加快（潘蔚娟等，2021）。2023年，广州气象台地表年平均气温为23.6℃，较常年值偏高0.9℃，与2019年和2020年并列为广州气象台有观测记录以来的第二高值。

1901～2023年，香港天文台地表年平均气温呈上升趋势，升温速率为0.14℃/10a［图1.4（e）］。1971～2023年，地表年平均气温的上升速度加快，升温速率为0.26℃/10a。2023年，香港天文台地表年平均气温为24.5℃，较常年值偏高1.0℃，与2019年并列为香港天文台有观测记录以来的第二高值。

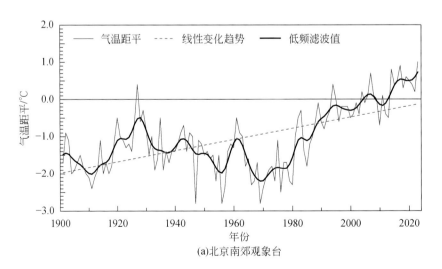

(a)北京南郊观象台

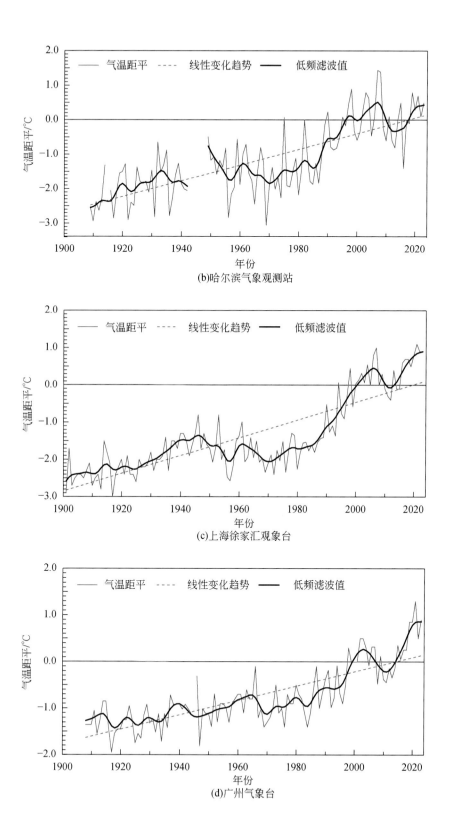

(b)哈尔滨气象观测站

(c)上海徐家汇观象台

(d)广州气象台

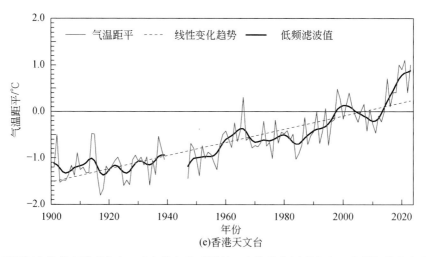

(e)香港天文台

图1.4　近百年来北京南郊观象台、哈尔滨气象观测站、上海徐家汇观象台、广州气象台和香港天文
台地表年平均气温距平

Figure 1.4　Annual mean surface air temperature anomalies at (a) Beijing Observatory, (b) Harbin Meteorological Observatory, (c) Shanghai Xujiahui Observatory, (d) Guangzhou Meteorological Observatory, and (e) Hong Kong Observatory in the past 100 years or so

1961 ～ 2023 年，中国八大区域（华北、东北、华东、华中、华南、西南、西北和青藏地区）地表年平均气温均呈显著上升趋势（图1.5），且升温速率的区域差异明显。青藏地区增温速率最大，平均每10年升高0.35℃；华北、东北和西北地区次之，升温速率依次为0.33℃/10a、0.33℃/10a 和 0.29℃/10a；华东和华中地区平均每10年分别升高0.28℃和0.23℃；华南和西南地区升温幅度相对较缓，升温速率依次为0.21℃/10a和0.18℃/10a。2023 年，华北、华中和西南地区平均气温均为1961年以来的最高值，

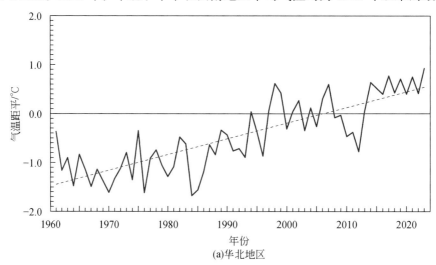

(a)华北地区

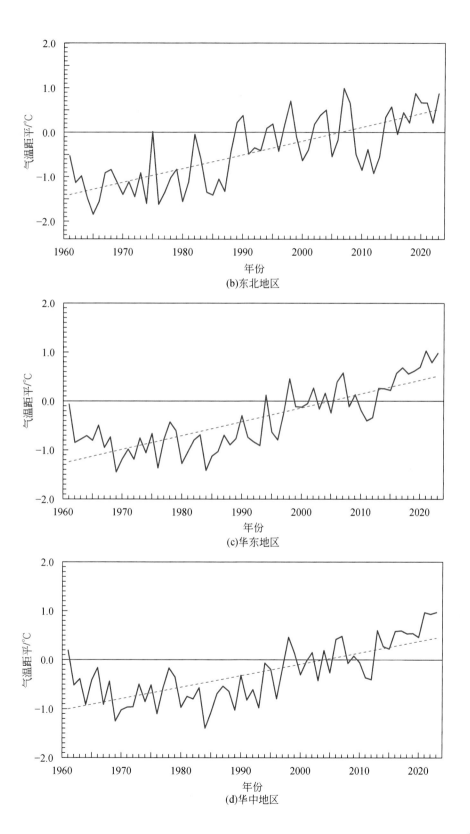

(b)东北地区

(c)华东地区

(d)华中地区

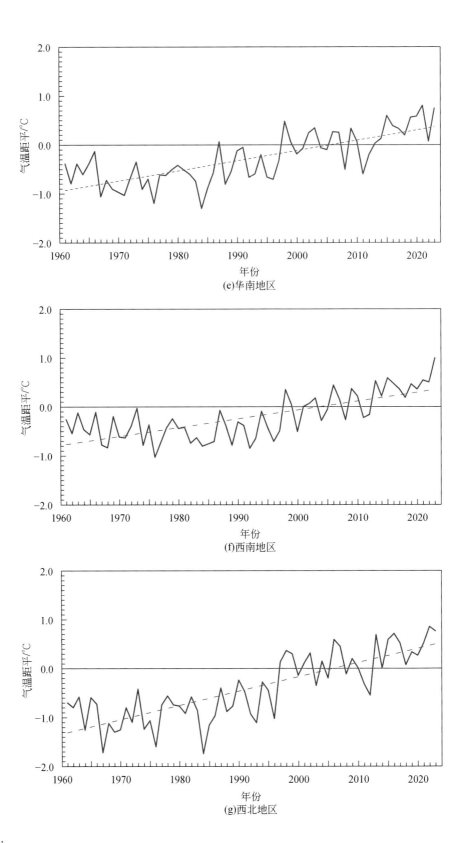

(e)华南地区

(f)西南地区

(g)西北地区

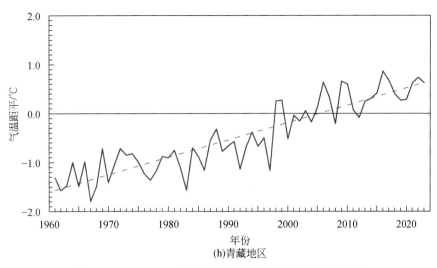

图 1.5　1961～2023 年中国八大区域地表年平均气温距平

点线为线性变化趋势线

Figure 1.5　Annual mean surface air temperature anomalies in the eight regions of China from 1961 to 2023

(a) North China, (b) Northeast China, (c) East China, (d) Central China, (e) South China, (f) Southwest China,

(g) Northwest China, and (h) Qinghai-Tibet

The dashed lines stand for a linear trend

华东、华南和西北地区平均气温为 1961 年以来的第二高值，东北地区为 1961 年以来的第三高值，青藏地区为 1961 年以来的第六高值。

2023 年，中国大部地区气温较常年偏高（图 1.6），东北中南部、华北东南部和西北部、华东北部、华中东北部和南部、西南地区东南部、西北地区中北部偏高 1～2℃；仅内蒙古东北部和西藏西南部局部地区气温较常年略偏低（图 1.5）。

（2）最高气温和最低气温

1961～2023 年，中国地表年平均最高气温呈上升趋势，平均每 10 年升高 0.26℃，低于同期年平均气温的上升速率。20 世纪 80 年代之前，中国年平均最高气温变化相对稳定，之后呈明显上升趋势［图 1.7（a）］。2023 年，中国地表年平均最高气温较常年值偏高 0.94℃，为 1961 年以来的最高值。

1961～2023 年，中国地表年平均最低气温呈显著上升趋势，平均每 10 年升高 0.40℃，明显高于同期年平均气温和最高气温的上升速率。20 世纪 70 年代初期以来，中国年平均最低气温上升趋势尤为明显；20 世纪 90 年代后期以来，年平均最低气温高于常年值［图 1.7（b）］。2023 年，中国地表年平均最低气温较常年值偏高 0.87℃，亦为 1961 年以来的最高值。

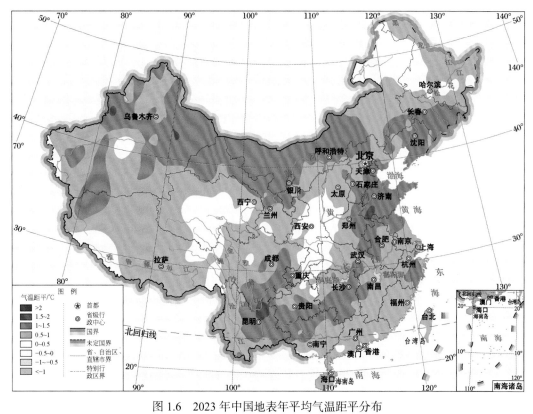

图 1.6　2023 年中国地表年平均气温距平分布

Figure 1.6　Distribution of annual mean surface air temperature anomalies in China in 2023

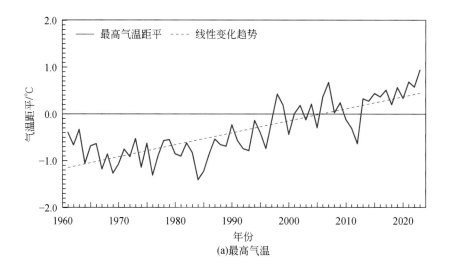

(a)最高气温

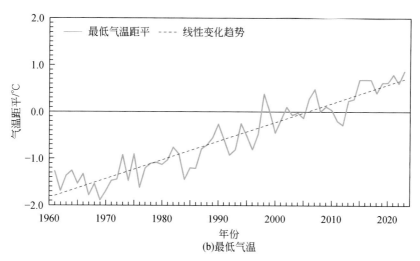

(b)最低气温

图 1.7　1961～2023 年中国地表年平均最高气温和最低气温距平

Figure 1.7　Annual mean surface (a) maximum and (b) minimum air temperature anomalies in China
from 1961 to 2023

1.2.2　高层大气温度

探空观测资料分析显示，1961～2023 年，中国上空对流层低层（850 hPa）和上层（300 hPa）年平均气温均呈显著上升趋势（图 1.8），增温速率分别为 0.21℃ /10a 和 0.20℃ /10a；而平流层下层（100 hPa）年平均气温表现为下降趋势［图 1.8（c）］，平均每 10 年降低 0.20℃。对流层升温和平流层下层降温趋势与全球高层大气温度变化总体一致（陈哲和杨溯，2014；Guo et al.，2020）。2023 年，中国上空对流层低层平均气温较常年值偏高 1.01℃，为 1961 年以来的最高值；对流层上层平均气温较常年值

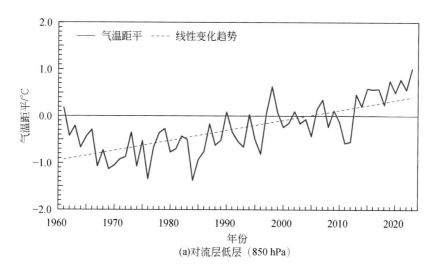

(a)对流层低层（850 hPa）

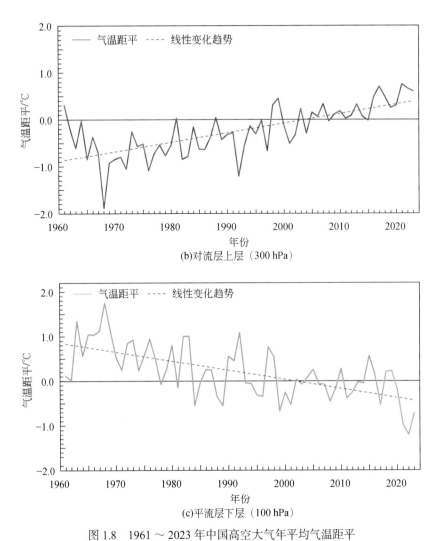

(b)对流层上层（300 hPa）

图 1.8　1961～2023 年中国高空大气年平均气温距平

Figure 1.8　Annual mean upper-air temperature anomalies in China from 1961 to 2023

(a) lower troposphere (850 hPa), (b) upper troposphere (300 hPa), and (c) lower stratosphere (100 hPa)

偏高 0.60℃，为 1961 年以来的第四高值；平流层下层平均气温较常年值偏低 0.72℃，为 1961 年以来的第三低值。

1.2.3　降水

（1）降水量

20 世纪初以来，中国平均年降水量无明显趋势性变化，但存在显著的 20～30 年尺度的年代际振荡，其中20世纪最初20年、40年代后期至50年代偏多，20世纪20年代中期至40年代中期、60年代至70年代末期降水总体偏少。

1901～2023年，北京南郊观象台年降水量呈弱的减少趋势，并表现出明显的年代际变化特征。20世纪40年代后期至50年代、80年代中期至90年代后期降水偏多，90年代末到21世纪最初十年总体处于降水偏少阶段，2011年以来降水偏多为主［图1.9（a）］。2023年，北京南郊观象台年降水量为630.8 mm，较常年值偏多19.4%（102.7 mm）。

1909～2023年，哈尔滨气象观测站年降水量表现出明显的年代际变化特征，其中20世纪10年代、20年代末期至30年代和50年代降水偏多（1943～1948年无观测数据），70年代降水偏少，80～90年代中期降水偏多，21世纪最初十年降水以偏少为主，2010年之后波动增多［图1.9（b）］。2023年，哈尔滨气象观测站年降水量为777.2 mm，较常年值偏多44.0%（237.4 mm），为1949年以来的第三高值。

1901～2023年，上海徐家汇观象台年降水量呈显著增多趋势，平均每10年增加16.7mm。20世纪70年代以前，年降水量以30～40年的周期波动，之后呈明显增多趋势，且年际波动幅度增大［图1.9（c）］。2023年，徐家汇观象台年降水量为1413.4 mm，较常年值偏多5.7%（76.8 mm）。

1908～2023年，广州气象台年降水量呈增多趋势，并伴随明显的年代际波动。20世纪30年代和60～70年代降水偏少，但降水从80年代初波动增加，2013年以来以降水偏多为主［图1.9（d）］。2023年，广州气象台年降水量为1900.6 mm，较常年值偏少2.5%（49.5 mm）。

1901～2023年，香港天文台年降水量呈增多趋势，平均每10年增加29.2 mm，且年际波动幅度较大［图1.9（e）］。2023年，香港天文台年降水量为2774.5 mm，较常年值偏多14.1%（343.3 mm）。

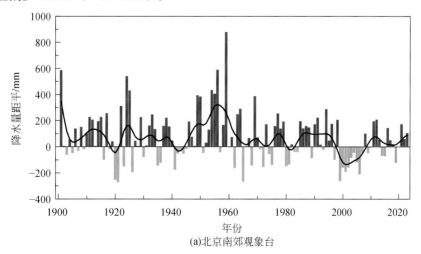

(a)北京南郊观象台

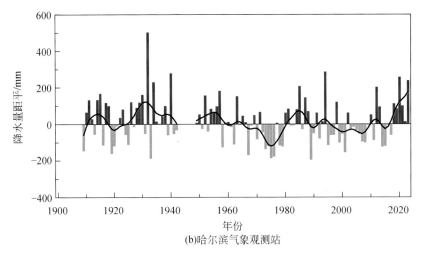

(b)哈尔滨气象观测站

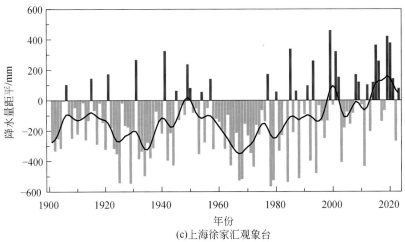

(c)上海徐家汇观象台

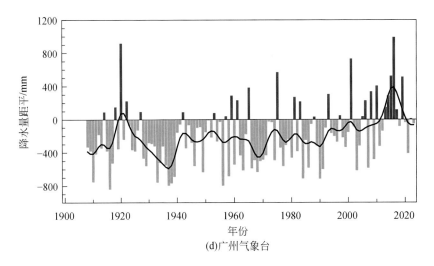

(d)广州气象台

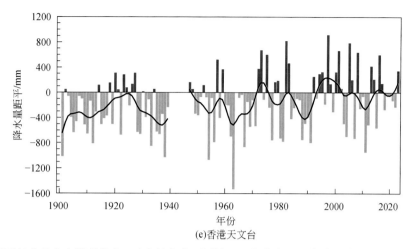

(e)香港天文台

图1.9 近百年来北京南郊观象台、哈尔滨气象观测站、上海徐家汇观象台、广州气象台和香港天文
台年降水量距平变化

Figure 1.9 Changes in annual precipitation anomalies at (a) Beijing Observatory, (b) Harbin Meteorological
Observatory, (c) Shanghai Xujiahui Observatory, (d) Guangzhou Meteorological Observatory, and
(e) Hong Kong Observatory in the past 100 years or so

1961～2023 年，中国平均年降水量呈增加趋势，平均每 10 年增加 5.2 mm
（0.7%/10a），且年代际变化明显。20 世纪 90 年代中国平均年降水量以偏多为主，21
世纪最初十年总体偏少，2012 年以来降水总体偏多（图 1.10）。2016 年、1973 年和
1998 年是排名前三位的降水高值年，2011 年、1986 年和 2004 年是排名后三位的降水
低值年。2023 年，中国平均降水量较常年值偏少 25.9 mm（3.7%）。

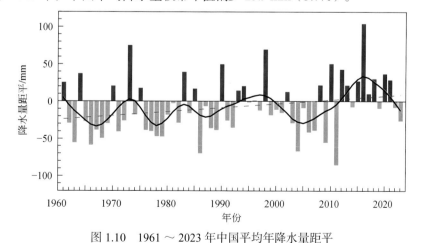

图 1.10 1961～2023 年中国平均年降水量距平

点线为线性变化趋势线

Figure 1.10 Average annual precipitation anomalies in China from 1961 to 2023

The dashed line stands for the linear trend

1961～2023年，中国八大区域平均年降水量变化趋势差异明显（图1.11）。

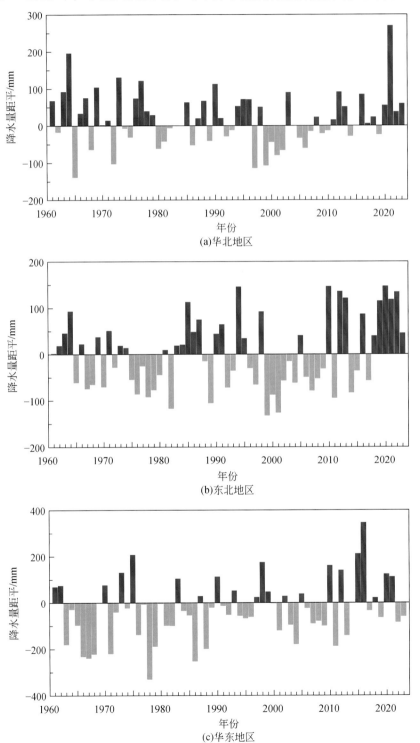

(a)华北地区

(b)东北地区

(c)华东地区

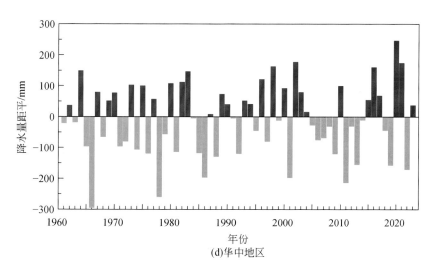

(d)华中地区

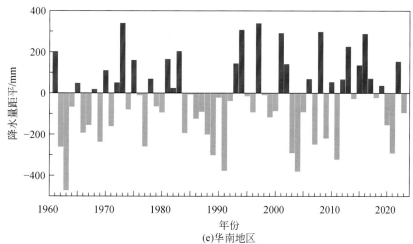

(e)华南地区

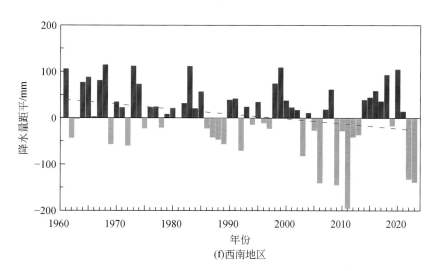

(f)西南地区

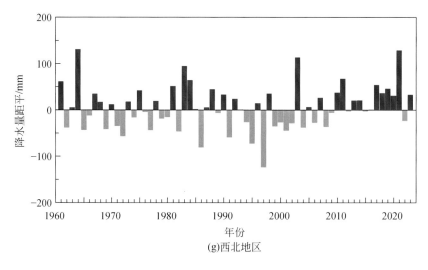

(g)西北地区

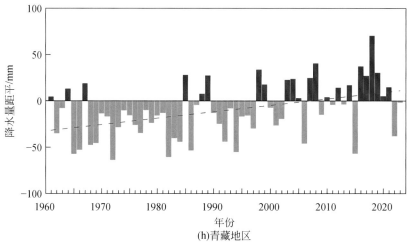

(h)青藏地区

图 1.11　1961～2023 年中国八大区域年降水量距平

点线为线性变化趋势线

Figure 1.11　Annual precipitation anomalies in eight regions of China from 1961 to 2023

(a) North China, (b) Northeast China, (c) East China, (d) Central China, (e) South China, (f) Southwest China,

(g) Northwest China, and (h) Qinghai-Tibet

The dashed line stands for a linear trend

青藏地区平均年降水量呈显著增多趋势，平均每 10 年增加 6.9 mm；西南地区平均年降水量总体呈减少趋势，平均每 10 年减少 10.7 mm；华北、东北、华东、华中、华南和西北地区年降水量无明显线性变化趋势，但均存在年代际波动变化。21 世纪初以来，华北、东北和西北地区平均降水量波动上升，华中地区平均降水量年际波动幅度增大。

2023 年，中国区域年降水量空间分布不均，华北东北部和西北部、江南地区西南部、华南西北部、西南地区东南部、西北地区中部和西部部分地区、青藏地区西北部等地偏少 20%～50%（图 1.12），其中内蒙古西部部分地区、新疆西部和东南部部分地区偏少 50%～80%；西南地区平均降水量较常年值偏少 138.1 mm，为 1961 年以来第四少（图 1.11）。东北地区中部、华北东南部、黄淮西部、江汉大部、华南东南部、西北地区东南部及北疆北部、青海东南部偏多 20% 至 1 倍。

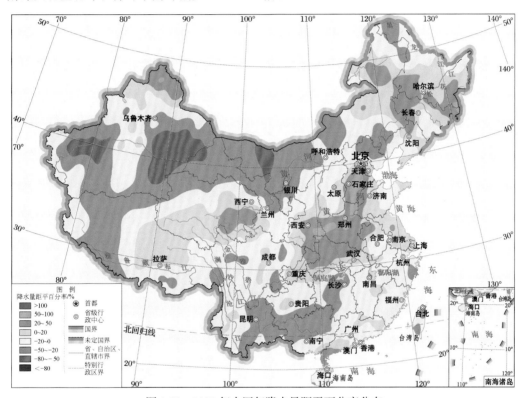

图 1.12　2023 年中国年降水量距平百分率分布

Figure 1.12　Distribution of the annual precipitation anomaly percentages in China in 2023

（2）降水日数

1961～2023 年，中国平均年降水日数呈显著减少趋势，平均每 10 年减少 2.1 天。2023 年，中国平均年降水日数为 94.2 天，较常年值偏少 7.9 天，为 1961 年以来第二少［图 1.13（a）］。

1961～2023 年，中国年累计暴雨（日降水量 ≥ 50 mm）站日数呈增加趋势，平均每 10 年增加 4.1%。2023 年，中国年累计暴雨站日数为 6454 站日，较常年值偏多 3.2%［图 1.13（b）］。

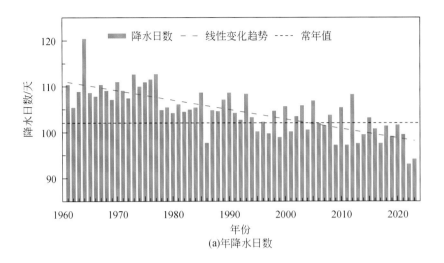

(a)年降水日数

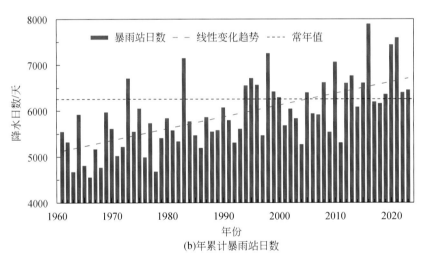

(b)年累计暴雨站日数

图 1.13　1961～2023 年中国平均年降水日数和年累计暴雨站日数

Figure 1.13　(a) Annual rainy days and (b) annual accumulated days of rainstorm in China from 1961 to 2023

1.2.4　其他要素

（1）相对湿度

1961～2023 年，中国平均相对湿度总体无明显趋势性变化，但阶段性变化特征明显：20 世纪 60 年代中期至 80 年代后期相对湿度偏低，1989～2003 年以偏高为主，2004～2014 年总体偏低，2015 年以来波动回升，但近 3 年阶段性偏低（图 1.14）。2023 年，中国平均相对湿度较常年值偏低 1.0%。

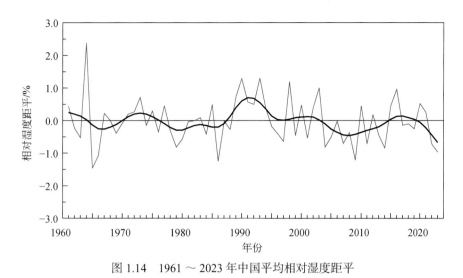

图 1.14　1961 ～ 2023 年中国平均相对湿度距平

Figure 1.14　Average relative humidity anomalies in China from 1961 to 2023

（2）风速

1961 ～ 2023 年，中国平均风速总体呈减小趋势（图 1.15），平均每 10 年减小 0.13 m/s。20 世纪 60 年代至 90 年代末期为持续正距平，之后转入负距平；但 2015 年以来出现小幅回升。2023 年，中国平均风速较常年值偏大 0.06 m/s。

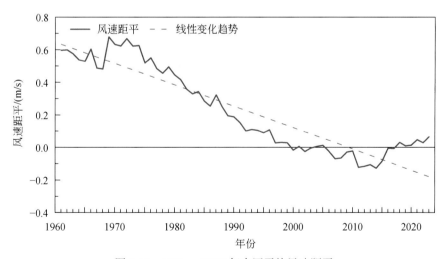

图 1.15　1961 ～ 2023 年中国平均风速距平

Figure 1.15　Average wind speed anomalies in China from 1961 to 2023

（3）日照时数

1961～2023年，中国平均年日照时数呈现显著减少趋势，平均每10年减少24.6 h。2023年，中国平均年日照时数为2413.8 h，较常年值偏少65.8 h（图1.16）。

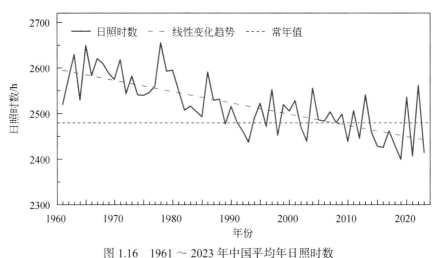

图1.16　1961～2023年中国平均年日照时数

Figure 1.16　Average sunshine duration in China from 1961 to 2023

（4）积温

1961～2023年，中国平均≥10℃的年活动积温呈显著增加趋势，平均每10年增加68.6 ℃·d；1997年以来，中国平均≥10℃的年活动积温持续偏多（图1.17）。2023年，中国平均≥10℃的年活动积温为5164.3 ℃·d，较常年值偏多330.4 ℃·d，为1961年以来的最高值。

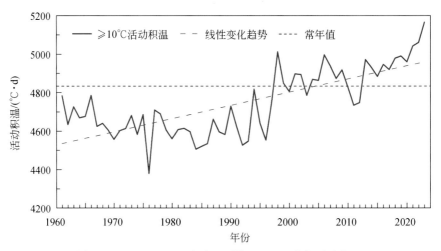

图1.17　1961～2023年中国平均≥10 ℃的年活动积温

Figure 1.17　Average annual active accumulated temperature of ≥ 10 ℃ in China from 1961 to 2023

2023 年，全国大部地区 ≥ 10℃活动积温较常年值偏多（图 1.18）。东北地区中南部、华北大部、华东、华中大部、华南大部、西南大部、西北中部和西部大部地区偏多 200 ～ 600 ℃·d，山东西南部、四川东南部和云南东北部的部分地区 600 ℃·d以上；内蒙古东北部、陕西中部和东南部、青海中南部、西藏西北部和东南部、北疆北部和南疆西部的部分地区 ≥ 10℃活动积温较常年值略偏少。

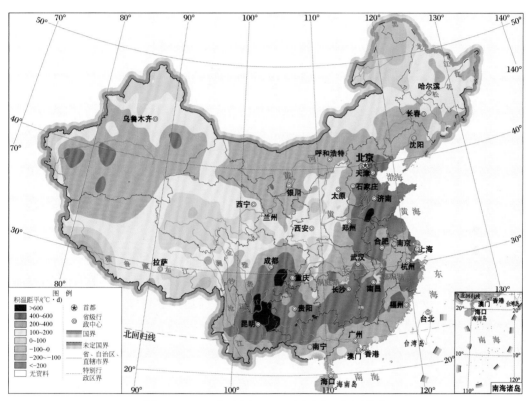

图 1.18　2023 年中国 ≥ 10℃活动积温距平分布

Figure 1.18　Distribution of anomalies of the active accumulated temperature of ≥ 10 °C in China in 2023

1.3　极端天气气候事件

1.3.1　极端气温

1961 ～ 2023 年，中国平均年暖昼日数呈增多趋势［图 1.19（a）］，平均每 10 年增加 6.7 天，尤其在 20 世纪 90 年代中期以来增加更为明显。2023 年，中国平均暖昼日数为 89.9 天，较常年值偏多 35.9 天，为 1961 年以来最多。

1961～2023 年，中国平均年冷夜日数呈显著减少趋势［图 1.19（b）］，平均每 10 年减少 7.8 天，1998 年以来冷夜日数较常年值持续偏少。2023 年，中国冷夜日数 22.2 天，较常年值偏少 7.4 天。

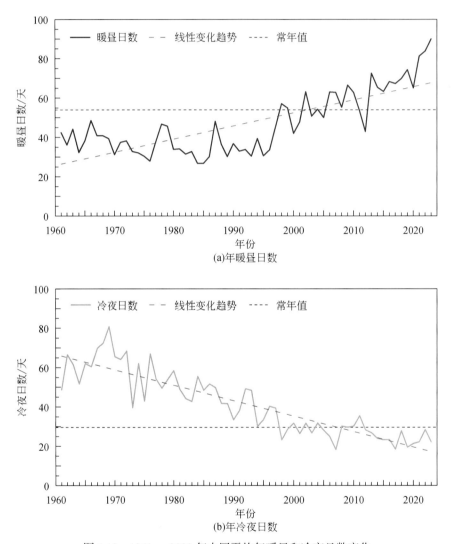

图 1.19　1961～2023 年中国平均年暖昼和冷夜日数变化

Figure 1.19　Changes in annual average (a) warm days and (b) cold nights in China from 1961 to 2023

1961～2023 年，中国极端高温事件发生频次呈显著增加趋势；且阶段性变化特征明显，21 世纪初以来明显偏多［图 1.20（a）］。2023 年，中国共发生极端高温事件 838 站日，较常年值偏多 329 站日；其中，北京汤河口（41.8℃）、河北井陉（43.3℃）、河南林州（43.3℃）和广西田林（42.2℃）等共计127站日最高气温突破历史极值。

1961～2023年，中国极端低温事件发生频次呈显著减少趋势［图1.20（b）］，平均每10年减少206站日，但2015年以来极端低温事件发生频次明显增多。2023年，中国共发生极端低温事件625站日，较常年值偏多389站日；其中，黑龙江呼中（-49.8℃）和新林（-48.3℃）、内蒙古新巴尔虎左旗（-41.4℃）、北京斋堂（-24.2℃）等共计22站日最低气温突破低温历史极值。

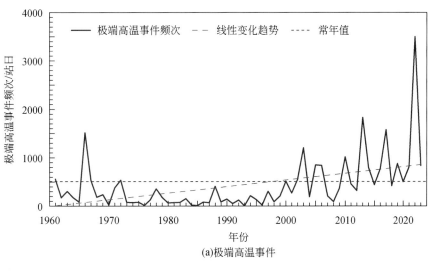

(a)极端高温事件

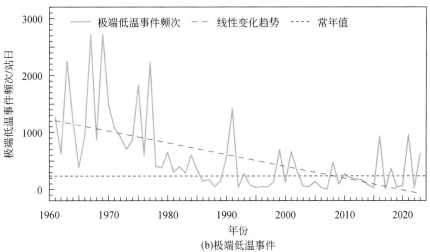

(b)极端低温事件

图1.20　1961～2023年中国极端高温和极端低温事件频次

Figure 1.20　Frequencies of (a) extreme high and (b) low temperature events in China from 1961 to 2023

1.3.2 极端降水

1961～2023 年，中国极端日降水量事件的频次呈增加趋势（图 1.21），平均每 10 年增多 18 站日。2023 年，中国共发生极端日降水量事件 297 站日，较常年值偏多 35 站日；其中，河北满城（261.7 mm）、山西平定（230.7 mm）、福建福州（395.9 mm）和长乐（385.1 mm）等共计 55 站日降水量突破历史极值。

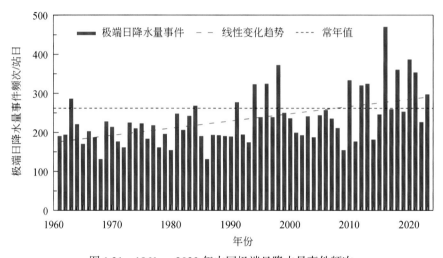

图 1.21　1961～2023 年中国极端日降水量事件频次

Figure 1.21　Frequency of extreme daily precipitation events in China from 1961 to 2023

1.3.3 区域性气象干旱

1961～2023 年，中国共发生了 195 次区域性气象干旱事件（图 1.22），其中极端干旱事件 17 次、严重干旱事件 43 次、中度干旱事件 81 次、轻度干旱事件 54 次；1961 年以来，区域性干旱事件频次呈微弱上升趋势，并且具有明显的年代际变化特征：20 世纪 70 年代后期至 80 年代区域性气象干旱事件偏多，90 年代偏少，2003～2008 年阶段性偏多；2009 年以来总体偏少。2023 年，中国共发生 3 次区域性气象干旱事件，频次接近常年，整体旱情偏轻；西南地区出现冬春连旱，其中云南发生 1961 年以来最强气象干旱；夏季西北、华北、东北地区发生阶段性气象干旱，华北、东北出现"旱涝急转"；长江上游遭受冬春连旱、中上游地区出现夏伏旱。

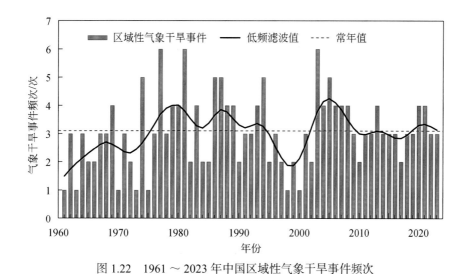

图 1.22　1961～2023 年中国区域性气象干旱事件频次

Figure 1.22　Frequency of regional meteorological drought events in China from 1961 to 2023

1.3.4　台风

1949～2023 年，西北太平洋和南海生成台风（中心风力≥8 级）个数呈减少趋势，同时表现出明显的年代际变化特征，20 世纪 90 年代中后期以来总体处于台风活动偏少的年代际背景下（图 1.23）。2023 年，西北太平洋和南海台风生成个数为 17 个，较常年偏少 8.1 个，为 1949 年以来第二少（1998 年和 2010 年均为 14 个）。

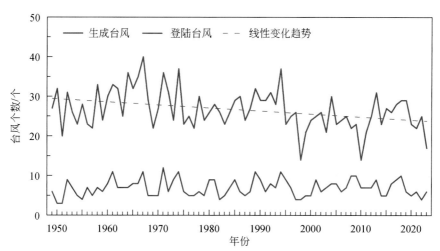

图 1.23　1949～2023 年西北太平洋和南海生成及登陆中国台风个数

Figure 1.23　Number of typhoons generated in the Northwest Pacific and the South China Sea and landfall typhoons in China from 1949 to 2023

1949～2023 年，登陆中国的台风（中心风力≥8 级）个数呈弱的增多趋势，但线性趋势并不显著；年际变化大，最多年达 12 个（1971 年），最少年仅有 3 个（1950年和 1951 年）（图 1.23）。1949～2023 年，登陆中国台风比例呈增加趋势（图 1.24），尤其是 2000～2010 年最为明显，2010 年的台风登陆比例（50%）最高。2023 年，登陆中国的台风有 6 个，较常年值偏少 1.2 个；登陆比例为 35.3%，较常年值（29.1%）偏高。

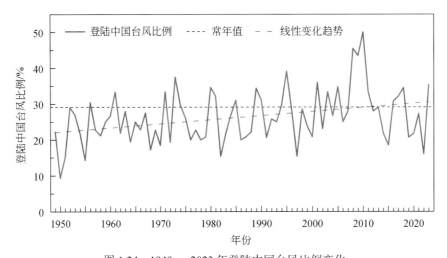

图 1.24　1949～2023 年登陆中国台风比例变化

Figure 1.24　Changes in proportional of typhoons landing in China from 1949 to 2023

1949～2023 年，登陆中国台风（中心风力≥8 级）的平均强度（以台风中心最大风速来表征）线性趋势不明显，主要表现出明显的年代际变化（图 1.25），其中 20 世

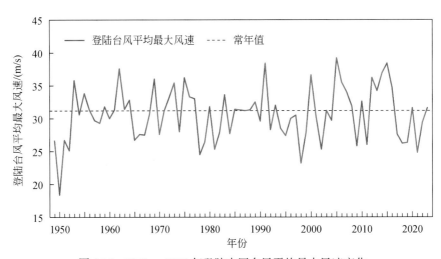

图 1.25　1949～2023 年登陆中国台风平均最大风速变化

Figure 1.25　Changes in average maximum wind speed of typhoons landing in China from 1949 to 2023

纪 60 ～ 70 年代中期表现为偏强特征，20 世纪 90 年代后期以来波动增强。2023 年，登陆台风平均强度为 11 级（平均风速 31.6 m/s），较常年值（11 级，31.2 m/s）略偏强；首个登陆台风"泰利"登陆强度强；7 月台风"杜苏芮"登陆时强度大、登陆后北上，造成华北、黄淮等多地出现历史极端强降雨，过程累积雨量大，海河流域发生流域性洪水。

1.3.5　沙尘与酸雨

（1）沙尘天气

1961 ～ 2023 年，中国北方地区平均沙尘（扬沙以上）日数呈明显减少趋势，平均每 10 年减少 3.1 天。2002 年之前，中国北方地区平均沙尘日数明显偏多，其中 20 世纪 80 年代前沙尘日数较常年值偏多 20 天；2003 年之后转入沙尘日数偏少阶段，2017 年达最低值后略有回升（图 1.26）。2023 年，中国北方地区平均沙尘日数为 9.4 天，较常年值偏多 2.9 天，为近 20 年最多。

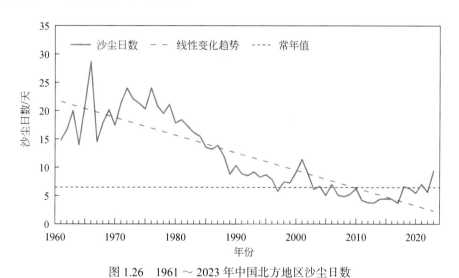

图 1.26　1961 ～ 2023 年中国北方地区沙尘日数

Figure 1.26　Changes in the number of sand-dust days in northern China from 1961 to 2023

（2）酸雨

1992 ～ 2023 年，中国酸雨（降水 pH 低于 5.60）经历了"改善—加重—再次改善"的阶段性变化过程，总体呈减弱、减少趋势。1992 ～ 2000 年为酸雨改善期；2001 ～ 2007 年酸雨污染加重；2008 年以来酸雨状况再度改善，近几年趋势近于平缓

（图1.27）。2023年，中国酸雨污染较轻，中国气象局74个酸雨站年平均降水 pH 为 5.83；全国年平均酸雨频率和年平均强酸雨（降水 pH 低于 4.50）频率分别为 27.1% 和 2.6%。综合分析显示，我国二氧化硫排放量的增减变化是影响酸雨污染长期变化趋势的主控因子，2010 年以来氮氧化物排放量的逐年下降也对近年来酸雨污染的改善有较明显贡献（Shi et al., 2014）。

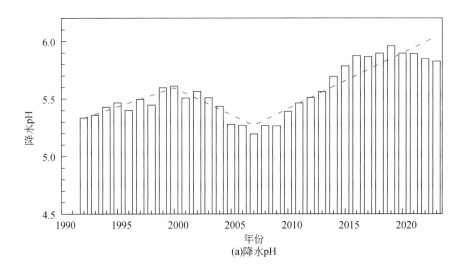

(a)降水pH

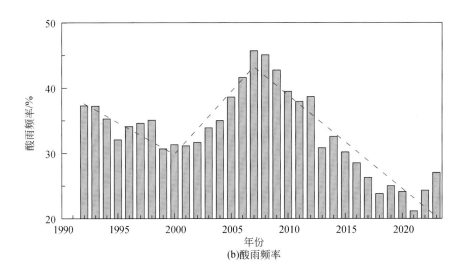

(b)酸雨频率

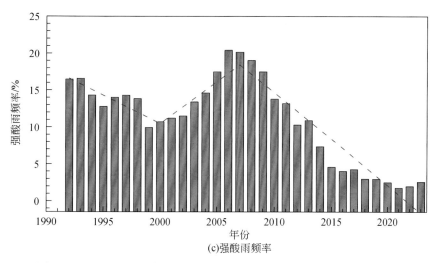

图 1.27 1992～2023 年中国平均降水 pH、酸雨频率和强酸雨频率变化

点线为线性趋势线

Figure 1.27 Changes in annual average (a) precipitation pH value, (b) acid rain frequency and

(c) severe acid rain frequency in China from 1992 to 2023

The dashed lines stand for the linear trend

2023 年，酸雨区（降水 pH 低于 5.60）范围主要分布于江南、华南以及西南地区南部和东北部的局部地区（图 1.28），其中江西东北部、湖南东部和南部、广东西北部、

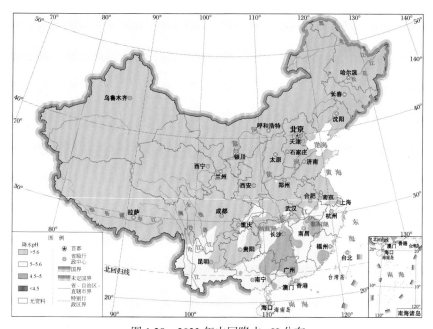

图 1.28 2023 年中国降水 pH 分布

Figure 1.28 Distribution of average precipitation pH values in China in 2023

广西东部及福建东南部的局部地区年平均值降水 pH 低于 5.00，酸雨污染较明显。

1.3.6 中国气候风险指数

1961～2023 年，中国气候风险指数（Wang et al., 2018）呈升高趋势，且阶段性变化明显。20 世纪 60～70 年代后期气候风险指数呈下降趋势，70 年代末出现趋势转折，之后波动上升（图 1.29）。

2023 年，中国气候风险指数为 8.0，属偏强等级，较常年值偏高 1.2，亦高于 21 世纪以来平均值（7.3），但总体气候风险水平低于 2021 年和 2022 年；其中，高温风险指数为 1961 年以来的第四高值。

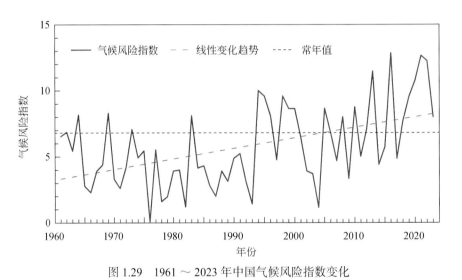

图 1.29　1961～2023 年中国气候风险指数变化

Figure 1.29　Changes in climate risk index of China from 1961 to 2023

1.4 大气环流

1.4.1 东亚季风

中国大部处于东亚季风区，天气气候受到东亚季风活动的影响。东亚冬季主要盛行偏北风气流，夏季则以偏南风气流为主（丁一汇，2013）。1961～2023 年，东亚冬季风表现出显著的年代际变化特征［图 1.30（a）］。20 世纪 80 年代中期以前，东亚冬季风主要表现为偏强的特征；而 1987～2004 年东亚冬季风明显偏弱；2005 年以来呈波动性增强。2023 年，东亚冬季风强度指数（朱艳峰，2008）为 0.11，强度接近常年。

1961～2023 年，东亚夏季风强度总体上呈现减弱趋势，并表现出"强—弱—强"的年代际波动特征［图 1.30（b）］。20 世纪 60 年代初期至 70 年代后期，东亚夏季风持续偏强；70 年代末期到 21 世纪初，东亚夏季风在年代际时间尺度上总体呈现偏弱特征，之后开始增强。2023 年，东亚夏季风强度指数（施能等，1996）为 0.71，强度偏强。

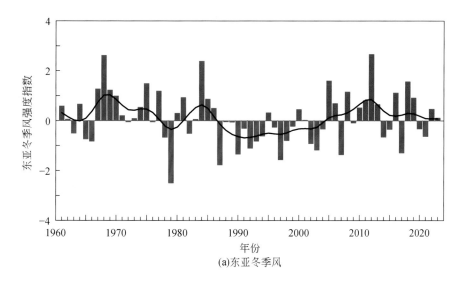

(a)东亚冬季风

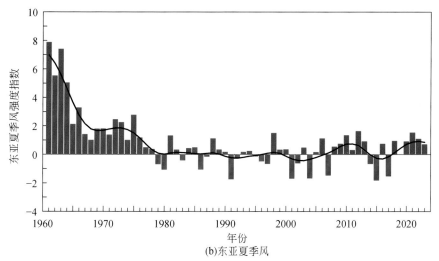

(b)东亚夏季风

图 1.30　1961～2023 年东亚冬季风和夏季风强度指数

Figure 1.30　Changes in (a) strength indices of the East Asian winter monsoon and (b) summer monsoon from 1961 to 2023

1.4.2 南亚季风

1961～2023年，南亚夏季风强度总体表现出减弱趋势，且年代际变化特征明显（图1.31）。20世纪60～80年代中期，南亚夏季风主要表现为偏强特征；80年代后期至21世纪最初十年南亚夏季风呈明显减弱趋势；2011年以来，南亚夏季风开始转为增强趋势，但相对于气候平均态仍然处于偏弱阶段。2023年，南亚夏季风强度指数（Webster and Yang，1992）为−0.82，强度偏弱。

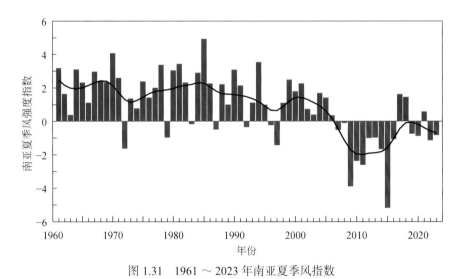

图1.31　1961～2023年南亚夏季风指数

Figure 1.31　Changes in the South Asian summer monsoon index from 1961 to 2023

1.4.3 西北太平洋副热带高压

西北太平洋副热带高压是东亚大气环流的重要成员之一，其活动具有显著的年际和年代际变化特征，位置与强度变化直接影响中国及东亚天气和气候变化（龚道溢和何学兆，2002；刘芸芸等，2014）。1961～2023年，夏季西北太平洋副热带高压总体上呈现面积增大、强度增强、西伸脊点位置西扩（指数为负值）的趋势（图1.32）。20世纪60年代至70年代末，西北太平洋副热带高压面积偏小、强度偏弱、西伸脊点位置偏东；20世纪80年代至21世纪初期，主要表现为年际波动；2010年以来，西北太平洋副热带高压处于强度偏强、面积偏大和西伸脊点位置偏西的年代际背景下。2023年，夏季西北太平洋副热带高压面积偏大、强度偏强、西伸脊点位置偏西，强度指数为1961年以来同期最高值，面积指数为1961年以来的第二高值。

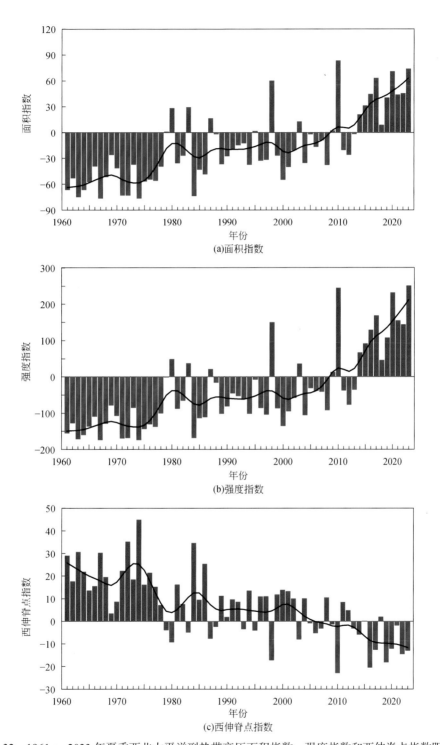

图 1.32　1961～2023 年夏季西北太平洋副热带高压面积指数、强度指数和西伸脊点指数距平

Figure 1.32　The Northwest Pacific subtropical high (a) area index,(b) intensity index and (c) western ridge point index anomalies in the summers of 1961–2023

1.4.4 北极涛动

北极涛动（Arctic Oscillation，AO）是北半球中纬度和高纬度地区平均气压此消彼长的一种现象，其对北半球中高纬度地区的天气和气候具有重要影响（Thompson and Wallace，1998），尤以对冬季影响最为显著。1961～2023年，冬季北极涛动指数年代际波动特征明显（图1.33），20世纪60年代初期至80年代后期，北极涛动指数总体处于负位相阶段，而80年代末至90年代，总体以正位相为主；2001～2013年，总体表现出负位相特征，且年际波动较大；2014年以来，转入以正位相为主阶段。2023年，冬季北极涛动指数为-0.61。

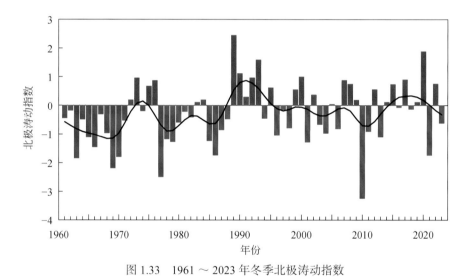

图 1.33　1961～2023 年冬季北极涛动指数

Figure 1.33　Changes in the Arctic Oscillation index in the winters of 1961–2023

第 2 章　水　　圈

水圈由地表和地下水组成，包括海洋、湖泊、河流及岩层中的水等。海洋和陆地的淡水通过蒸发或蒸散，以水汽的形式进入大气圈，水汽经大气环流输送到大陆或海洋上空、凝结后降落全陆地表面或海面，降落于陆面的水部分被生物吸收，部分入渗形成土壤水、下渗为地下水，部分形成地表径流。水在循环过程中不断释放或吸收热能，是气候系统各大圈层间能量和物质交换的主要载体，并为地球表层的各种系统提供必需的水源。海洋占地球表面积的 71%，储存了地球系统中 97% 的水，吸收了 20%～30% 人类活动排放的 CO_2，储存了约 93% 的气候系统净能量盈余，是大气主要的热源和水汽源地。海表温度、海洋热含量、海平面高度和海洋 pH 均是表征气候变化的核心指标，同时厄尔尼诺 / 拉尼娜、太平洋年代际振荡、北大西洋年代际振荡等行星尺度海 – 气相互作用的显著年际、年代际变率信号，不仅对大气环流和气候产生直接影响，而且对全球和区域的自然生态系统和社会经济系统都有重要的影响。中国地处北太平洋、印度洋和亚洲大陆的交汇区，海洋变化及其与大气间的能量传输和物质交换是影响中国区域气候异常与气候变化的重要因素。同时，地表径流、湖泊水体面积与水位、地下水水位等是监测陆表水循环变化的关键指标。

2.1　海　　洋

2.1.1　海表温度

（1）全球海表温度

1870～2023 年，全球平均海表温度（Rayner et al., 2003）表现为显著升高趋势，并伴随年代际变化特征（图 2.1）。20 世纪 90 年代之前全球平均海表温度较常年值偏低，21 世纪初以来海温以偏高为主。2023 年，全球平均海表温度比常年值偏高 0.35℃，为 1870 年以来的最高值。

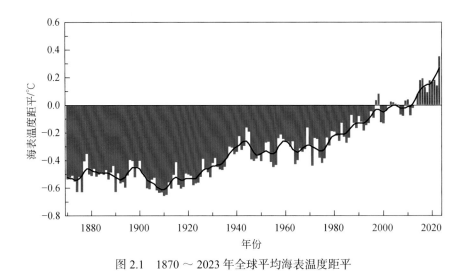

图 2.1　1870～2023 年全球平均海表温度距平
资料来源：英国气象局哈德莱中心

Figure 2.1　Global annual mean sea surface temperature anomalies (SSTA) from 1870 to 2023
Data source: United Kindom Met Office Hadley Centre

2023 年，全球大部分海域海表温度较接近常年值或偏高，热带中东太平洋、中高纬度北太平洋大部、西南太平洋部分海域、阿拉伯海、西南印度洋大部、北大西洋大部、墨西哥湾、加勒比海、中纬度南大西洋、东西伯利亚海和巴伦支海海温偏高 0.5℃以上，其中赤道东太平洋、中高纬度北太平洋中东部和北大西洋东部海温偏高超过 1.0℃，局部海域超过 1.5℃。而副热带北太平洋和东南太平洋海盆部分海域、热带东南印度洋、格陵兰海和拉普捷夫海部分海域海温较常年值偏低（图 2.2）。

（2）关键海区海表温度

厄尔尼诺 / 拉尼娜是赤道中、东太平洋海表大范围持续异常偏暖 / 冷的现象，是气候系统年际变率中的最强信号。1951～2023 年，赤道中东太平洋 Niño3.4 海区（5°S～5°N，120°W～170°W）海表温度有明显的年际变化特征。根据《厄尔尼诺 / 拉尼娜事件判别方法》（全国气候与气候变化标准化技术委员会，2017），1951～2023 年，赤道中东太平洋共发生了 22 次厄尔尼诺和 17 次拉尼娜事件。2021 年 9 月开始的拉尼娜事件于 2023 年 1 月结束，5 月赤道中东太平洋进入厄尔尼诺状态，并于 10 月达到厄尔尼诺事件标准，至 2023 年 12 月此次厄尔尼诺事件达到峰值。2023 年，Niño3.4 海区平均海表温度距平值为 0.78℃，是 1951 年以来的第五高值（图 2.3）。

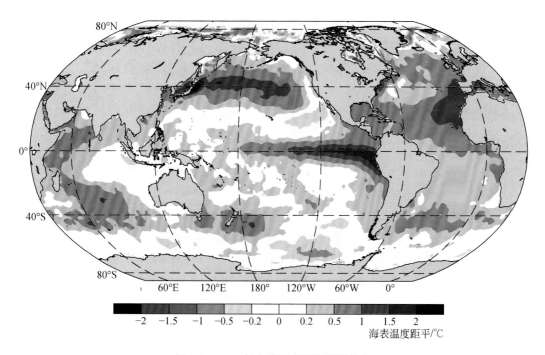

图 2.2　2023 年全球海表温度距平分布

Figure 2.2　Distribution of global mean SSTA in 2023

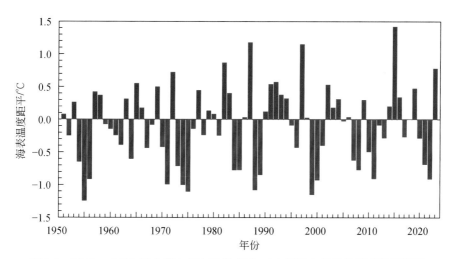

图 2.3　1951 ～ 2023 年赤道中东太平洋（Niño3.4 指数）年平均海表温度距平

Figure 2.3　Annual mean SSTA in the equatorial central and eastern Pacific (Niño3.4 index)

from 1951 to 2023

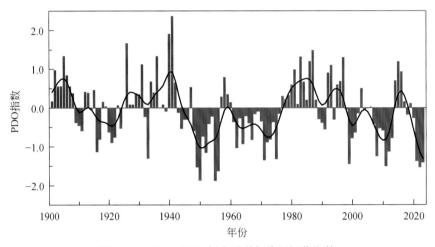

太平洋年代际振荡（Pacific Decadal Oscillation, PDO）是一种发生在太平洋区域的海盆空间尺度、年代际时间尺度的气候变率（Zhang et al., 1997; Mantua et al., 1997; 杨修群等，2004），主要表现为准 20 年周期和准 50 年周期振荡。1948～1976 年，PDO处于冷位相期；1925～1944 年和 1977～1997 年为暖位相期；20 世纪 90 年代末，PDO 再次转入冷位相期。2014～2017 年，PDO 指数由前期的负指数转为正指数。2023 年，PDO 指数为 −1.41（图 2.4）。

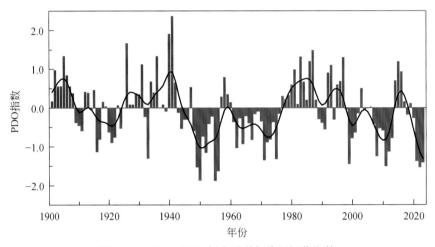

图 2.4　1901～2023 年太平洋年代际振荡指数

Figure 2.4　Pacific Decadal Oscillation (PDO) index from 1901 to 2023

1951～2023 年，热带印度洋（20°S～20°N，40°E～110°E）海表温度呈现显著上升趋势［图 2.5（a）］，升温速率为 0.11℃ /10a。20 世纪 50～70 年代，热带印度洋海表温度较常年值持续偏低，80～90 年代海温由偏低逐渐转为偏高，2010 年之后以偏高为主。2023 年，热带印度洋海表温度距平值为 0.28℃，为 1951 年以来的第六高值。热带印度洋偶极子（Tropical Indian Ocean Dipole, TIOD）是热带西印度洋（10°S～10°N，50°E～70°E）与东南印度洋（10°S～0°，90°E～110°E）海表温度的跷跷板式反向变化（Saji et al., 1999; Webster et al., 1999），通常用前者与后者的海温距平之差定义为TIOD；热带印度洋偶极子通常在夏季开始发展，秋季达到峰值，冬季快速衰减。2011年以来，TIOD 以正指数为主，2023 年秋季 TIOD 指数为 0.89℃，是 1951 以来的同期第三高值［图 2.5（b）］。

北大西洋年代际振荡（Atlantic Multidecadal Oscillation, AMO）是发生在北大西洋区域海盆空间尺度、多年代时间尺度的海温自然变率（Bjerknes, 1964）。1951～2023年，北大西洋（0°～60°N，0°～80°W）海表温度表现出明显的年代际变化特征，近 70 年来经历了"暖—冷—暖"的年代际变化：20 世纪 50 年代至 60 年代后期海表温度偏高，70 年代至 90 年代中期海表温度以偏低为主，90 年代后期以来北大西洋海表温度持续偏高。2023 年，北大西洋平均海表温度距平值为 0.42℃，较 2022 年上升 0.13℃，为 1951 年以来的最高值（图 2.6）。

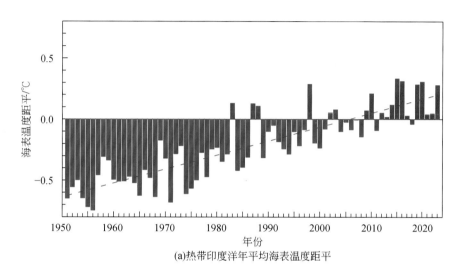

(a)热带印度洋年平均海表温度距平

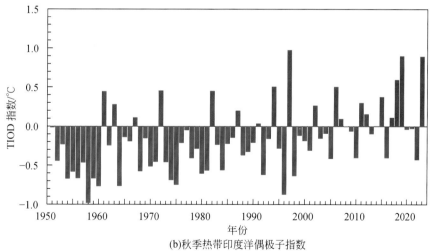

(b)秋季热带印度洋偶极子指数

图 2.5　1951 ～ 2023 年热带印度洋年平均海表温度距平和秋季热带印度洋偶极子指数
点线为线性变化趋势线

Figure 2.5　(a) Annual mean SSTA in tropical Indian Ocean and (b) the autumn tropical Indian Ocean dipole index in autumn from 1951 to 2023

The dashed line stands for a linear trend

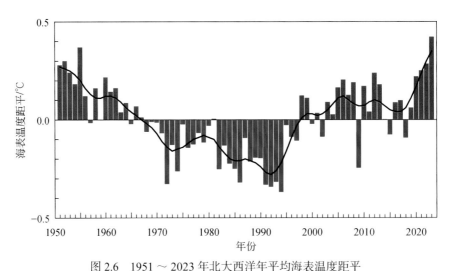

图 2.6　1951～2023 年北大西洋年平均海表温度距平

Figure 2.6　Annual mean SSTA in the North Atlantic from 1951 to 2023

2.1.2　海洋热含量

海洋热含量（Ocean Heat Content, OHC）是表征气候变化的核心指标，其反映海洋水体热量变化，主要受海水温度变化影响。由于海水比热容较大，海洋在全球变暖驱动的气候系统能量储存中占主导地位（Rhein et al., 2013; Cheng et al., 2019）。且相对于陆表和大气圈层中的气候指标，海洋热含量受厄尔尼诺等气候系统自然变率和天气过程扰动的影响较小（Cheng et al., 2017），因此全球海洋热含量是表征气候变化的较为稳健的指针。

海洋热含量监测主要基于海洋温度观测数据（Abraham et al., 2013；Cheng et al., 2024）。海洋数据分析显示，1958～2023 年，全球海洋热含量（上层 2000 m）呈显著增加趋势，增加速率为 6.4×10^{22} J/10a。海洋变暖在 20 世纪 90 年代后显著加速，1986～2023 年，全球海洋热含量增加速率为 9.8×10^{22} J/10a（图 2.7），是 1958～1985 年增暖速率的 3.1 倍。2023 年，全球海洋热含量再创新高，较常年值偏高 2.02×10^{23} J，比历史第二高年份（2022 年）高出 1.5×10^{22} J；北太平洋、南大洋、北大西洋及地中海海域的热含量均创历史新高。2014～2023 年是有现代海洋观测以来全球海洋最暖的 10 个年份（Cheng et al., 2024）。

2023 年，全球大部分海域热含量较常年值偏高，北太平洋、赤道太平洋和热带南太平洋、大西洋和南大洋是偏高最为明显的海区（图 2.8）。南大洋和大西洋大幅偏暖主要是因为其背景大洋环流将表层热量输送至深层，且有较强的垂向混合（Meredith et al., 2019）。1960～2023 年，0～300 m、300～700 m、700～2000 m 和 2000 m 以下的海洋分别存储了全球海洋 40%、24%、28% 和 8% 的热量（Cheng et al., 2024）。

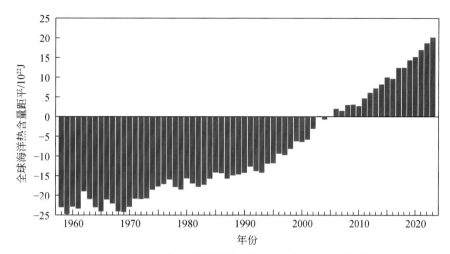

图 2.7　1958 ～ 2023 年全球海洋热含量（上层 2000 m）距平变化

资料来源：中国科学院大气物理研究所

Figure 2.7　Variation of global ocean heat content (upper 2,000 m) anomalies from 1958 to 2023

Data source: Institute of Atmospheric Physics, Chinese Academy of Sciences

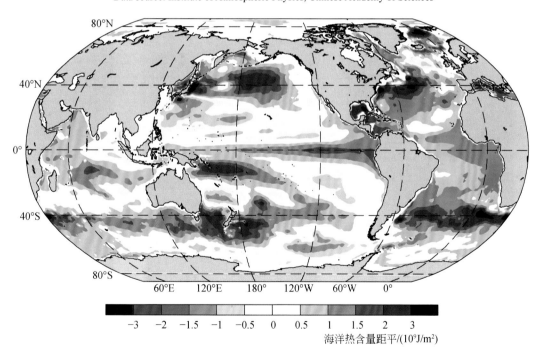

图 2.8　2023 年全球海洋热含量（上层 2000 m）距平分布

资料来源：中国科学院大气物理研究所

Figure 2.8　Distribution of global ocean heat content (upper 2,000m) anomalies in 2023

Data source: Institute of Atmospheric Physics, Chinese Academy of Sciences

2.1.3 海洋盐度

盐度是海水的核心物理特性之一，其和温度共同决定了海水密度，是大洋环流的重要驱动力。同时，降水和蒸发使淡水在海洋和大气之间转移，直接影响海水盐度变化：降水增加对应海水盐度降低、蒸发加剧则对应海水盐度增加。因而，海洋盐度是大气水循环的一个指针。在全球变暖驱动下，大气水循环加速，全球总体上发生了"干燥的区域变得更干，湿润的区域变得更湿"（即"干变干，湿变湿"）的水循环加速趋势（Held and Soden，2006）。水循环加速造成海洋盐度发生了"咸变咸、淡变淡"的趋势变化（Durack，2015），该趋势可以用"盐度差"指数来进行度量，即用高盐度区域和低盐度区域的盐度差异来量化"咸变咸、淡变淡"的空间差异性变化（Cheng et al.，2020）。

海洋盐度监测主要基于海水盐度观测数据及其格点数据集。盐度数据分析显示，1958～2023年，全球海洋（上层2000 m）的高－低盐度差异呈显著增加趋势，其间全球海洋盐度差指数增大了1.6%。2023年，全球海洋盐度差指数为4.02×10^{-3} g/kg，是1960年以来的第四高值（图2.9），反映了持续的"咸变咸、淡变淡"的盐度变化趋势。

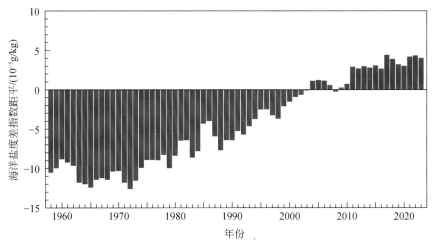

图 2.9　1958～2023年全球海洋盐度差指数（上层2000 m）距平变化

资料来源：中国科学院大气物理研究所

Figure 2.9　Variation of global ocean salinity-contrast (upper 2,000 m) anomalies from 1958 to 2023

Data source: Institute of Atmospheric Physics, Chinese Academy of Sciences

与常年相比，2023年，盐度相对较低的太平洋在进一步变淡，西北太平洋、西南西太平洋、南印度洋等海域淡化最为明显（图 2.10）。与此同时，盐度相对较高的大西洋中低纬度区域显著变咸，海盆西边界区域信号最显著；而北大西洋高纬海域显著变淡，可能与冰盖和海冰融化引起的淡水注入有关；大西洋中纬度海域显著变咸。

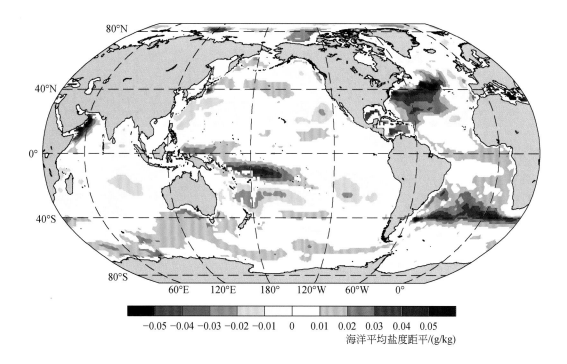

图 2.10　2023 年全球海洋（上层 2000 m）平均盐度距平分布

资料来源：中国科学院大气物理研究所

Figure 2.10　Distribution of global mean salinity (upper 2,000 m) anomalies in 2023

Data source: Institute of Atmospheric Physics, Chinese Academy of Sciences

海洋温盐变化对大洋环流、海洋生物地球化学过程有重要影响。高纬度温盐变化会改变海水密度，对大西洋经向翻转环流有关键调制作用，进而影响全球天气和气候；海洋温度和盐度变化的空间不均匀性会影响海洋层结稳定性（过去半世纪，海洋层结持续加强），进而调节海洋垂向能量、物质、碳交换强度，影响海洋生态系统和渔业资源（Li et al., 2020; Cheng et al., 2024）。

2.1.4　海平面

气候变暖背景下，全球平均海平面呈持续上升趋势，海洋热膨胀、极地冰盖和山地冰川消融、陆地水储量变化是海平面上升的主要原因（Fox-Kemper et al., 2021）。全球验潮站和卫星高度计观测数据分析显示，1901～2018年，全球平均海平面上升速率为1.7 mm/a；1993～2023年，上升速率为3.4 mm/a；其中，1993～2002年上升速率为2.1 mm/a，2014～2023年上升速率达到4.8 mm/a。2023年，全球平均海平面达到有卫星观测记录以来的最高位（WMO，2024）。

验潮站长期观测资料分析显示，1980～2023年，中国沿海海平面变化总体呈加速上升趋势（图2.11），上升速率为3.5 mm/a；1993～2023年，中国沿海海平面上升速率为4.0 mm/a，高于同时段全球平均水平。2023年，中国沿海海平面较1993～2011年平均值高72 mm，比2022年低22 mm，为1980年以来第六高位；渤海、黄海、东海和南海沿海海平面较1993～2011年平均值分别高122 mm、74 mm、43 mm和52 mm。

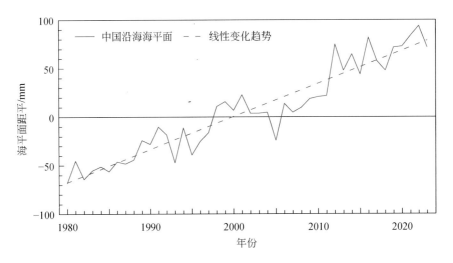

图2.11　1980～2023年中国沿海海平面距平（相对于1993～2011年平均值）

资料来源：国家海洋信息中心

Figure 2.11　The sea level anomalies (relative to the 1993–2011 average)

along the coast of China from 1980 to 2023

Data source: National Marine Data and Information Service

香港维多利亚港验潮站监测表明，1954～2023年，维多利亚港年平均海平面呈上升趋势，上升速率为3.2 mm /a；海平面于1990～1999年急速上升，2000～2008年缓慢回落，2009年以来维持高位。2023年，维多利亚港海平面较1993～2011年平均值高23 mm（图2.12）。

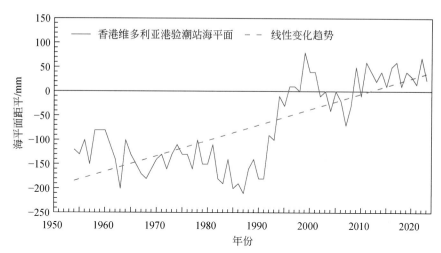

图 2.12　1954～2023 年香港维多利亚港海平面距平（相对于 1993～2011 年平均值）

资料来源：香港天文台

Figure 2.12　The sea level anomalies (relative to the 1993–2011 average) in the Hong Kong Victoria Harbor

from 1954 to 2023

Data source: Hong Kong Observatory

2.2　陆　地　水

2.2.1　地表水资源量

1961～2023 年，中国地表水资源量年代际变化明显，20 世纪 90 年代中国地表水资源量以偏多为主，2003～2014 年总体偏少，2015 年以来中国地表水资源量转为以偏多为主（图 2.13）。2023 年，中国地表水资源量较常年值偏少 5.7%；西北诸河、东南诸河、西南诸河、珠江和长江流域分别较常年值偏少 13.3%、10.8%、9.7%、7.9% 和 6.4%；海河、松花江、淮河和黄河流域分别较常年值偏多 23.7%、14.4%、12.3% 和 10.2%。

2023 年，中国平均年径流深为 310.7 mm，较常年值偏低 5.4%。松花江流域中南部、辽河流域东北部、海河流域中南部、黄河流域西南部和东南部、淮河流域大部、长江流域西北部和东北部、珠江流域东南部和西北内陆河流域东南部径流深较常年值偏高，其中长江流域东北部、珠江流域东南部等地偏高 100～200 mm，局地偏高 200 mm 以上；全国其余地区径流深较常年同期偏低，其中珠江流域大部、长江流域洞庭湖水系大部和鄱阳湖水系北部、西南诸河流域东南部等地偏低 100～200 mm，局地偏低 200 mm 以上（图 2.14）。

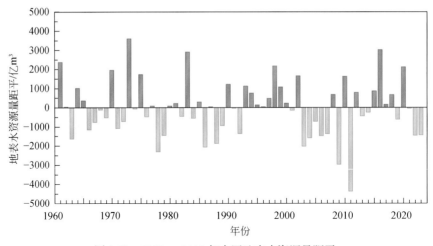

图 2.13　1961～2023 年中国地表水资源量距平

Figure 2.13　Annual surface water resources anomalies in China from 1961 to 2023

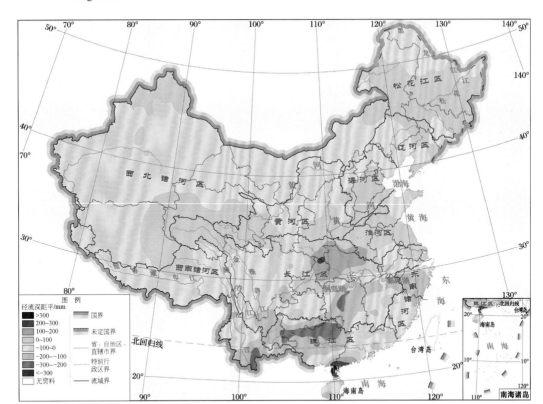

图 2.14　2023 年中国径流深距平分布

Figure 2.14　Distribution of runoff depth anomalies in China in 2023

2.2.2 湖泊面积与水位

湖泊不仅是重要的水资源，而且在陆地水循环中起着重要作用。湖泊面积和水位变化是气候变化和人类活动的敏感指标，是反映区域生态气候和水循环的重要监测指标（朱立平等，2019）。

（1）鄱阳湖水体面积

1989 ～ 2023 年，鄱阳湖 8 月水体面积年际波动明显（图 2.15）。1998 年之前，鄱阳湖 8 月水体面积较常年值总体偏小；但 1998 年以来水体面积年际波动幅度明显变大，水体面积最大值和最小值分别出现在 1998 年和 2023 年。2023 年 8 月，鄱阳湖水体面积为 1565 km^2，较常年值偏小 53.7%。

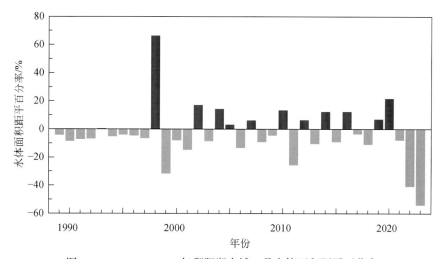

图 2.15　1989 ～ 2023 年鄱阳湖水域 8 月水体面积距平百分率

Figure 2.15　Percentages of waterbody area anomaly of the Poyang Lake in August from 1989 to 2023

2023 年汛期（5 ～ 9 月），鄱阳湖水体面积维持在 1500 km^2 以上；5 ～ 6 月水体面积有所增大，6 月面积达到最大，为 2386 km^2，随后面积持续减小；9 月面积最小，为 1505 km^2，仅为 6 月面积的 63.1%，为 1989 年以来同期面积第二低值（图 2.16）。

（2）洞庭湖水体面积

1989 ～ 2023 年，洞庭湖 8 月水体面积总体呈减小趋势，2006 年以来 8 月水体面积以偏小为主（图 2.17）。1989 年以来，洞庭湖 8 月水体面积的最大值和最小值分别出现在 1996 年和 2023 年。2023 年 8 月，洞庭湖水体面积为 721 km^2，较常年值偏小 57.9%。

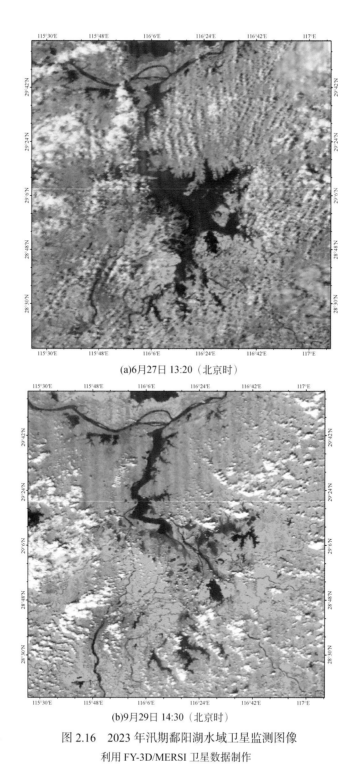

(a)6月27日 13:20（北京时）

(b)9月29日 14:30（北京时）

图 2.16　2023 年汛期鄱阳湖水域卫星监测图像

利用 FY-3D/MERSI 卫星数据制作

Figure 2.16　Satellite (FY-3D/MERSI) images of the Poyang Lake water area in the 2023 rainy season

(a) 13:20 BT 27 June, and (b) 14:30 BT 29 September

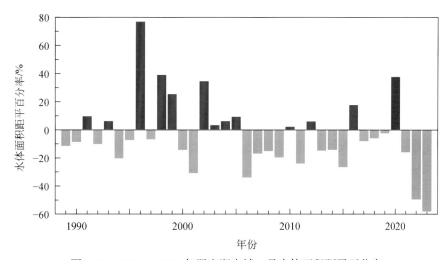

图 2.17 1989 ～ 2023 年洞庭湖水域 8 月水体面积距平百分率

Figure 2.17　Percentages of waterbody area anomaly of the Dongting Lake
in August from 1989 to 2023

　　2023 年汛期（5 ～ 9 月），洞庭湖水体面积维持在 570 km² 以上，波动上升，9 月面积最大，为 856 km²；5 月面积最小，仅为 578 km²，是 9 月面积的 67.5%，为 1989 年以来同期水体面积第三低值（图 2.18）。

(a)5月12日 14:05 （北京时）

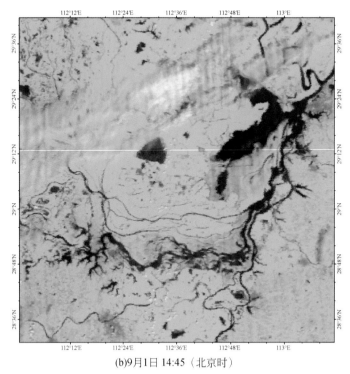

(b)9月1日 14:45（北京时）

图2.18 2023年汛期洞庭湖水域卫星监测图像

利用 FY-3D/MERSI 数据制作

Figure 2.18   Satellite (FY-3D/MERSI) images of the Dongting Lake in the 2023 rainy season

(a) 14:05 BT 12 May, and (b) 14:45 BT 1 September

（3）青海湖水位

青海湖是中国最大的内陆湖泊，位于青藏高原的东北部，是维系区域生态安全的重要水体。1961～2004年，青海湖水位呈显著下降趋势，平均每10年下降0.76 m，渔业资源减少、鸟类栖息环境退化等生态环境效应凸显。2005年以来，受西北地区气候暖湿化的影响，入湖径流量增加，青海湖水位止跌回升（李林等，2020；金章东等，2013），转入上升期（图2.19）。2023年，青海湖流域平均降水量414.0 mm，较常年值偏多16.3 mm，年平均气温较常年值偏高0.7℃；流域冰雪融水和降水补给量均较常年值偏多，青海湖水位达到3196.60 m，较常年值高出3.06 m，较2022年上升0.03 m，为1961年有观测记录以来的最高水位。2005年以来，青海湖水位连续19年回升，累计上升3.73 m；2023年青海湖已明显超过20世纪60年代初期的水位。

图 2.19 1961～2023 年青海湖水位变化

数据来源：青海省水利厅

Figure 2.19 Variation of the water level of the Qinghai Lake from 1961 to 2023

Data source: Water Conservancy Department of Qinghai Province

2.2.3 地下水水位

地下水水位与降水量、河道流量及持续时间、渗入量及人类取用水强度等气候、水文和人类活动等因素及地质结构密切相关，存在区域差异及季节、年际尺度变化。

（1）河西走廊地下水水位

2005～2023 年，河西走廊西部的敦煌和月牙泉地下水水位先下降后平稳上升，而武威东部荒漠区地下水水位呈下降趋势（图 2.20）。2023 年，敦煌和月牙泉监测点浅层地下水埋深分别为 18.70 m 和 11.71 m，其中月牙泉地下水水位较 2022 年上升 0.30 m，为 2005 年以来最高；敦煌地下水水位较 2022 年下降 1.11 m；武威东部荒漠区监测点地下水埋深为 38.0 m，较 2022 年增加 1.0 m。

（2）江汉平原地下水水位

江汉平原荆州站地下水水位与降水量密切相关，阶段性变化特征明显。1981～2003 年，荆州站地下水水位波动上升，随后缓慢下降（图 2.21）。2023 年，荆州站年降水量为 1176.9 mm，较常年值偏多 108.9 mm；2023 年，荆州站浅层地下水埋深为 1.39 m，地下水水位较 2022 年下降 0.03 m。

图 2.20　2005～2023 年河西走廊典型生态区地下水埋深变化

Figure 2.20　Variation of groundwater depth in representative ecological regions of the Hexi Corridor from 2005 to 2023

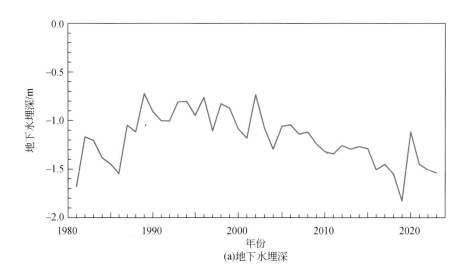

(a)地下水埋深

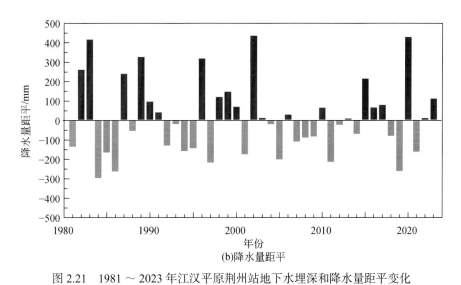

图 2.21　1981 ～ 2023 年江汉平原荆州站地下水埋深和降水量距平变化

Figure 2.21　Variation of (a) groundwater depth and (b) precipitation anomaly at Jingzhou Observing Station
in Jiang-han Plain from 1981 to 2023

第3章 冰冻圈

冰冻圈，是地球表层具一定厚度且连续分布的负温圈层，主要分布于高纬和高海拔地区，其组成要素包括冰川（含冰盖）、冻土（多年冻土和季节冻土）、积雪、河冰、湖冰、海冰、冰架、冰山和海底多年冻土，以及大气圈内的冻结状水体（秦大河和丁永建，2022）。作为气候系统五大圈层之一，冰冻圈储存了地球75%的淡水资源，是全球气候变化的调控器和启动器，不同时空尺度的冰冻圈变化对大气、水资源和水循环、生态系统、陆地和海洋环境、国际地缘政治、全球和区域社会经济可持续发展等均有重要影响。中国是全球中低纬度冰冻圈最发育的国家，以消融退缩为明显特征的冰冻圈变化与气候安全、生物多样性保护、生态功能屏障维护、水资源可持续利用和重大工程建设等息息相关。

3.1 陆地冰冻圈

3.1.1 冰川

（1）冰川物质平衡

冰川物质平衡是表征冰川变化（积累和消融）的重要指标，主要受控于物质和能量收支状况，其对气温、降水和地表辐射变化响应敏感。全球参照冰川监测结果表明，1960～2023年，全球参照冰川平均物质平衡量为–442 mm/a（图3.1）。20世纪60年代，全球冰川相对稳定（Zemp et al., 2019），参照冰川平均物质平衡量为–172 mm/a；1970～1984年，全球冰川快速消融，参照冰川平均物质平衡量为–226 mm/a；随后全球冰川消融加速，1985～2023年参照冰川平均物质平衡量达到–588 mm/a，而2014～2023年则达到–895 mm/a；2023年，全球冰川处于高物质亏损状态，参照冰川平均物质平衡量为–1229 mm w.e.，为1960年以来的最低值。1960～2023年，全球参照冰川平均累积物质损失已达到27.73 m w.e.。

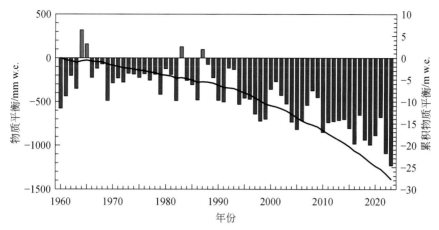

图 3.1　1960 ~ 2023 年全球参照冰川平均物质平衡（柱形图）和累积物质平衡
（曲线，相对于 1960 年）变化

资料来源：世界冰川监测服务处

Figure 3.1　Changes in annual mass balances (column) and cumulative mass balances (curve, relative to 1960)
of global reference glaciers from 1960 to 2023

Data source: World Glacier Monitoring Service

中国天山乌鲁木齐河源 1 号冰川（43°05′N，86°49′E；简称乌源 1 号冰川）属大陆性冰川，是全球参照冰川之一（李忠勤等，2019）。观测结果表明，1960 ~ 2023年，乌源 1 号冰川平均物质平衡量为 –378 mm/a，冰川呈加速消融趋势（图 3.2），

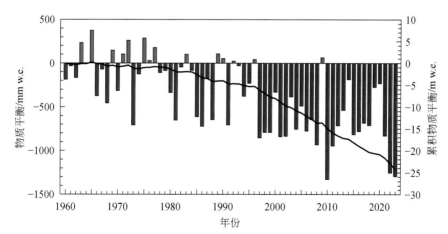

图 3.2　1960 ~ 2023 年天山乌鲁木齐河源 1 号冰川物质平衡（柱形图）和累积物质平衡
（曲线，相对于 1960 年）变化

资料来源：中国科学院天山冰川观测试验站

Figure 3.2　Changes in annual mass balances (column) and cumulative mass balances (curve, relative to 1960)
of Glacier No.1 at the headwaters of Ürümqi River in the Tianshan Mountains from 1960 to 2023

Data source: Tianshan Glaciological Station, Chinese Academy of Sciences

与全球冰川总体变化相一致。1960 年以来，乌源 1 号冰川经历了两次加速消融过程：第一次发生在 1985 年，多年平均物质平衡量由 1960 ～ 1984 年的 –81 mm/a 降至 1985 ～ 1996 年的 –273 mm/a；第二次从 1997 年开始，消融更为强烈，1997 ～ 2023 年的平均物质平衡量降至 –701 mm/a，其中 2010 年冰川物质平衡量跌至 –1327 mm w.e.，为有观测资料以来的最低值；2011 年以来，冰川物质平衡主要表现为强消融背景下的年际波动变化。2023 年，乌源 1 号冰川物质平衡量为 –1291 mm w.e.，略低于全球参照冰川平均值，为乌源 1 号冰川有观测记录以来第二低值；1960 ～ 2023 年，乌源 1 号冰川累积物质损失 24.21 m w.e.，低于同期全球参照冰川平均消融水平。

木斯岛冰川（47°04′N，85°34′E）位于萨吾尔山北坡，是阿尔泰山地区的参照冰川之一。自 2014 年连续系统观测以来，该冰川相对于乌源 1 号冰川物质亏损总体更为严重。2016 ～ 2022 年，木斯岛冰川物质平衡年际变化较大，分别为 –975 mm w.e.、–1192 mm w.e.、–870 mm w.e.、–310 mm w.e.、–666 mm w.e.、–374 mm w.e. 和 –1146 mm w.e.；2023 年物质亏损强烈，木斯岛冰川物质平衡量为 –1075 mm w.e.。

老虎沟 12 号冰川（39°26′N，96°33′E）位于祁连山系西段北坡，是祁连山区面积最大的山谷冰川。该冰川由东西两支构成，于海拔 4560 m 处汇合，呈北—西北向流出山谷（秦翔等，2014）。监测结果表明，1976 年，老虎沟 12 号冰川物质平衡为 330 mm w.e.（施雅风，1988）；2010 ～ 2023 年，冰川总体呈加速消融趋势（图 3.3），

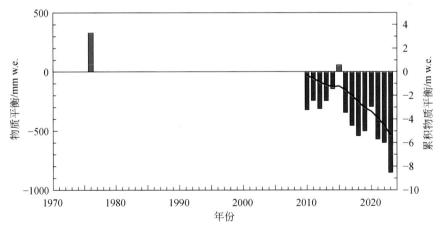

图 3.3　1976 ～ 2023 年祁连山老虎沟 12 号冰川物质平衡（柱形图）和累积物质平衡
（曲线，相对于 2010 年）变化

资料来源：中国科学院祁连山冰冻圈与生态环境综合观测研究站

Figure 3.3　Changes in annual mass balances (column) and cumulative mass balances (curve, relative to 2010) of Laohugou Glacier No.12 in the Qilian Mountains from 1976 to 2023

Data source: Qilian Observation and Research Station of Cryosphere and Ecologic Environment, Chinese Academy of Sciences

平均冰川物质平衡量为 –384 mm/a，仅 2015 年表现为微弱的正物质平衡（58 mm w.e.）。2023 年，老虎沟 12 号冰川物质平衡量为 –853 mm w.e.，为该冰川有连续物质平衡观测记录以来的最低值；2010～2023 年，老虎沟 12 号冰川累积物质平衡为 –5.04 m w.e.。

小冬克玛底冰川（33°04′N，92°04′E）位于青藏高原腹地唐古拉山口，是长江源区布曲流域典型的极大陆性冰川。监测结果表明，1989～2023 年，小冬克玛底冰川平均物质平衡量为 –292 mm/a，整体上呈加速消融趋势（图 3.4）。其中，1989～1997 年，小冬克玛底冰川相对稳定，平均物质平衡量为 –30 mm/a；1998～2004 年，冰川发生明显消融，平均物质平衡量为 –288 mm/a；2005～2023 年，消融加速，平均物质平衡量降至 –417 mm/a，其中 2010 年冰川物质平衡量跌至 –942 mm w.e.，为有观测资料以来的最低值。2023 年，受降水偏多影响小冬克玛底冰川表现为弱的净物质积累，物质平衡量为 100 mm w.e.。1989～2023 年，小冬克玛底冰川累积物质损失 10.21m w.e.，明显弱于同期乌源 1 号冰川消融强度。

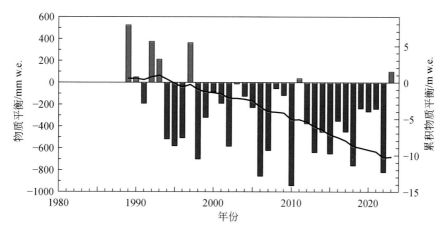

图 3.4　1989～2023 年长江源区小冬克玛底冰川物质平衡（柱形图）和累积物质平衡（曲线，相对于 1989 年）变化

资料来源：中国科学院冰冻圈科学国家重点实验室唐古拉冰冻圈与环境观测研究站

Figure 3.4　Changes in annual mass balances (column) and cumulative mass balances (curve, relative to 1989) of Xiao Dongkemadi Glacier in the source region of Yangtze River from 1989 to 2023

Data source: Tanggula Cryosphere and Environment Observation Station, State Key Laboratory of Cryospheric Science, Chinese Academy of Sciences

白水河 1 号冰川（27°06′N，100°11′E）位于横断山南段的玉龙雪山东坡，地处我国冰川发育区的最南端，属典型的海洋性冰川（Wang et al., 2020）。监测结果表明，2008 年以来，白水河 1 号冰川呈显著的物质亏损状态，2008～2023 年的平均物质平衡量为 –1465 mm/a；其中 2016 年冰川物质平衡量为 –1872 mm w.e.，为有连续观测资

料以来的最低值（图 3.5）。2023 年，白水河 1 号冰川仍处于物质亏损状态，物质平衡量为 –1139 mm w.e.，接近全球参照冰川平均消融水平。2008 ～ 2023 年，白水河 1 号冰川累积物质损失为 23.44 m w.e.。

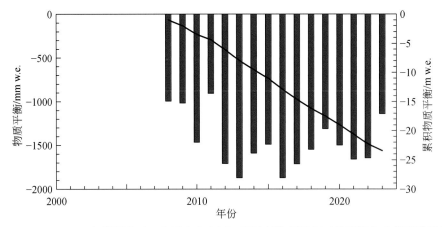

图 3.5　2008 ～ 2023 年横断山区玉龙雪山白水河 1 号冰川物质平衡（柱形图）和累积物质平衡
（曲线，相对于 2008 年）变化
资料来源：中国科学院玉龙雪山冰冻圈与可持续发展野外科学观测研究站
Figure 3.5　Changes in annual mass balances (column) and cumulative mass balances (curve, relative to 2008) of Baishui River Glacier No.1 in the Yulong Snow Mountain, Hengduan Mountains, from 2008 to 2023
Data source: Yulong Snow Mountain Cryosphere and Sustainable Development Field Science Observation and Research Station, Chinese Academy of Sciences

（2）冰川末端位置

冰川末端进退亦是反映冰川变化的重要指标之一，是冰川对气候变化的综合及滞后响应（李忠勤等，2019）。1980 年以来，乌源 1 号冰川末端退缩速率总体呈加快趋势（图 3.6）。由于强烈消融，乌源 1 号冰川在 1993 年分裂为东、西两支。监测表明，在冰川分裂之前的 1980 ～ 1993 年，冰川末端平均退缩速率为 3.6 m/a；1994 ～ 2023 年，东、西支平均退缩速率分别为 5.5 m/a 和 5.9 m/a。2011 年之前，西支退缩速率大于东支，之后东支加速退缩，两者退缩速率呈现出交替变化特征。2023 年，乌源 1 号冰川东、西支分别退缩了 13.2 m 和 8.6 m，东、西支退缩距离为 1980 年以来的最大值。

1989 ～ 2017 年，阿尔泰山区木斯岛冰川的平均退缩速率为 11.5 m/a，高于同期乌源 1 号冰川的平均退缩速率。2017 ～ 2022 年，木斯岛冰川末端分别退缩了 9.5 m、10.9 m、7.6 m、9.9 m、9.4 m 和 14.8 m；2023 年，冰川末端位置退缩了 16.6 m，呈现强烈退缩态势。

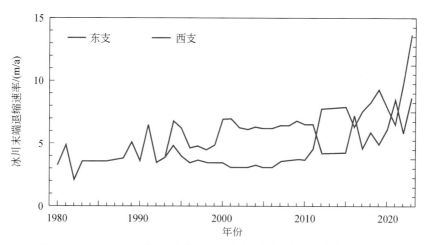

图 3.6　1980 ～ 2023 年中国天山乌鲁木齐河源 1 号冰川末端退缩距离

资料来源：中国科学院天山冰川观测试验站

Figure 3.6　The retreating distance of the front of Glacier No.1 at the headwaters of Ürümqi River in the Tianshan Mountains from 1980 to 2023

Data source: Tianshan Glaciological Station, Chinese Academy of Sciences

1960 ～ 2023 年，祁连山老虎沟 12 号冰川末端位置退缩了 575.2 m，平均退缩速率为 9.0 m/a。20 世纪 80 年代中期以来老虎沟 12 号冰川退缩速率有所增大（杜文涛等，2008；Liu et al., 2018），2006 年之后末端退缩明显加剧。2022 年，老虎沟 12 号冰川末端位置退缩了 42.5 m，为有观测记录以来的最大值；2023 年，冰川末端位置退缩了 39.4 m。

长江源区冬克玛底冰川因强烈消融于 2009 年分裂为大、小冬克玛底冰川。2009 ～ 2023 年，大、小冬克玛底冰川末端平均退缩速率分别为 8.7 m/a 和 6.5 m/a，退缩速率总体呈明显的上升趋势。2023 年，大冬克玛底冰川末端位置退缩了 10.6 m，小冬克玛底冰川末端位置退缩了 4.9 m。

1982 ～ 2023 年，玉龙雪山白水河 1 号冰川末端位置退缩了 482.8 m，平均退缩速率为 11.5 m/a。2023 年，白水河 1 号冰川末端位置退缩了 8.2 m。

3.1.2　冻土

多年冻土是冰冻圈的重要组成部分。青藏高原是全球中纬度面积最大的多年冻土分布区（程国栋等，2019），多年冻土的存在和变化对区域气候、碳循环、生态环境和水资源安全、寒区重大工程建设和安全运营等产生显著影响。活动层是位于多年冻土之上冬季冻结夏季融化的土（岩）层，是多年冻土与大气之间水热交换的界面。活动层厚度是表征多年冻土热状况的重要热力指标，也是多年冻土区气候变化最直观的监测指标，其变化是多年冻土区陆面水热综合作用的结果。青藏公路沿线（昆仑山垭口至两道河段）多年冻土区 10 个活动层观测场监测显示：1981 ～ 2023 年，活动层厚度呈显著增加趋势（图 3.7），平均每 10 年增厚 20.2 cm。2004 ～ 2023 年，活动层底部（多年冻土上限）温度呈显著的上升趋势，平均每 10 年升高 0.31℃。2023 年，青藏公路沿线多年冻土区平均活动层厚度为 260.0 cm，较 2022 年增厚 4.0 cm，为有连续观测记录以来的最高值；多年冻土上限平均温度为 –0.9℃，与 2022 年持平。综合分析表明，青藏公路沿线多年冻土呈现明显的退化趋势。

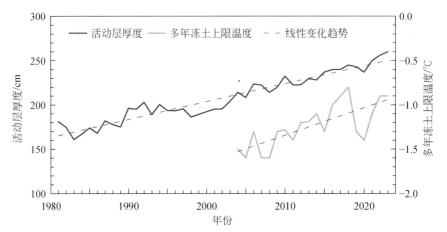

图 3.7　青藏公路沿线多年冻土区活动层厚度和多年冻土上限温度变化

资料来源：中国科学院青藏高原冰冻圈观测研究站

Figure 3.7　Changes in the active layer thickness of the permafrost zone and the ground temperature at the permafrost table along the Qinghai-Xizang Highway

Data source: The Cryosphere Research Station on the Qinghai-Xizang Plateau, Chinese Academy of Sciences

西藏中东部地区 15 个气象站点季节冻土最大冻结深度监测显示，1961 ～ 2023 年，最大冻结深度总体呈显著减小趋势（图 3.8），平均每 10 年减小 6.0 cm；且阶段性变化特征明显，20 世纪 60 ～ 80 年代中期，最大冻结深度以较大幅度的年际波动为主，80 年代末期以来呈显著减小趋势，2004 年以来持续小于常年值。2023 年，西藏中东部地区季节冻土最大冻结深度较常年值偏小 9.9 cm。

东北地区 109 个气象站点季节冻土最大冻结深度监测显示，1961 ～ 2023 年，区域平均最大冻结深度呈减小趋势（图 3.9），平均每 10 年减小 5.0 cm。2023 年，东北地区季节冻土最大冻结深度接近常年值。

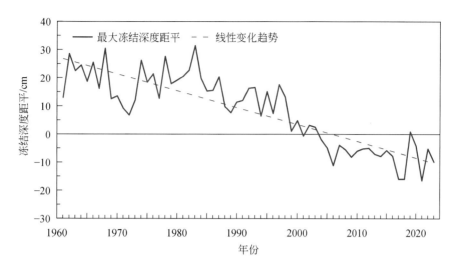

图 3.8 1961～2023 年西藏中东部地区季节冻土最大冻结深度距平

Figure 3.8 Variation of maximum frozen depth for seasonal frozen ground in central and eastern Xizang from 1961 to 2023

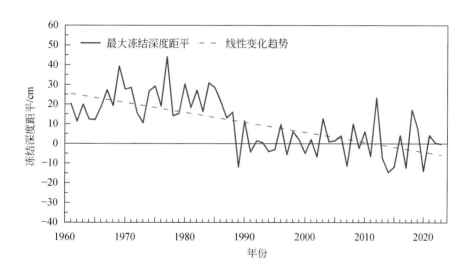

图 3.9 1961～2023 年东北地区季节冻土最大冻结深度距平

Figure 3.9 Variation of maximum frozen depth for seasonal frozen ground in the Northeast China from 1961 to 2023

3.1.3 积雪

积雪是冰冻圈的重要组成部分，存在着显著的季节和年际变化，其空间分布、属性及积雪期变化对大气环流和气候变化响应迅速（张廷军和车涛，2019）。卫星监测表明，

2002～2023 年，中国主要积雪区平均积雪覆盖率年际波动明显，其中，新疆积雪区平均积雪覆盖率呈显著的下降趋势；东北 – 内蒙古和青藏高原积雪区平均积雪覆盖率线性变化趋势不明显（图 3.10）。2023 年，青藏高原积雪区和新疆积雪区积雪覆盖率分别为 24.2% 和 27.4%，均较 2002～2020 年平均值明显偏低，其中青藏高原积雪区为 2002 年以来的最低值，新疆积雪区为 2002 年以来的第三低值；东北 – 内蒙古积雪区积雪覆盖率为 46.1%，较 2002～2020 年平均值略偏低。

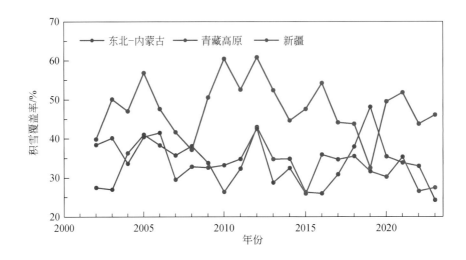

图 3.10　2002～2023 年中国主要积雪区积雪覆盖率变化

Figure 3.10　Variation of snow cover fraction in major snow-covered regions

in China from 2002 to 2023

积雪日数监测显示，2023 年，全国平均积雪日数 16.7 天，东北 – 内蒙古、青藏高原和新疆积雪区平均积雪日数分别为 46.7 天、13.7 天和 24.1 天。东北地区北部、内蒙古呼伦贝尔西部、阿尔泰山区、天山区、昆仑山脉西部部分地区积雪日数超过 90 天，局部超过 120 天（图 3.11）。

与 2002～2020 年平均值相比，2023 年，全国平均积雪日数偏少 1.5 天；青藏高原积雪区和新疆积雪区平均积雪日数分别偏少 7.2 天和 3.2 天，东北 – 内蒙古积雪区平均积雪日数偏多 5.4 天。东北地区中北部、内蒙古东北部和青藏高原中部部分地区积雪日数偏多超过 20 天；而内蒙古中部、青藏高原北部和南部、北疆大部和南疆南部等地积雪日数偏少 20 天以上（图 3.12）。

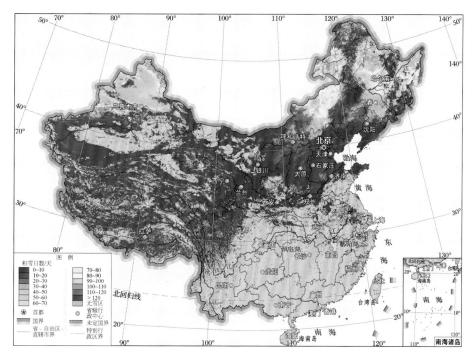

图 3.11　2023 年中国积雪日数分布

Figure 3.11　Distribution of the number of snow cover days in China in 2023

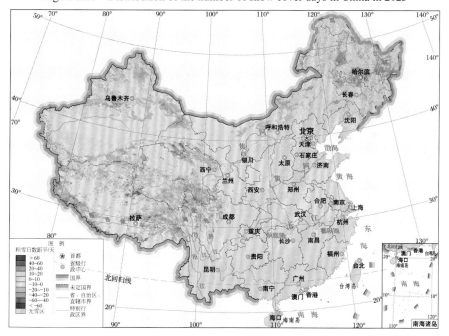

图 3.12　2023 年中国积雪日数距平（相对于 2002 ～ 2020 年平均值）分布

Figure 3.12　Distribution of anomaly of the snow cover days (relative to the 2002–2020 average)

in China in 2023

3.2 海洋冰冻圈

3.2.1 北极海冰

海冰作为冰冻圈系统的重要成员，其高反照率和对海洋－大气间热量和水汽交换的抑制作用，以及海冰生消所伴随的潜热变化，对高纬地区海洋大气的热量收支和海洋生态系统产生重要影响。海冰范围、密集度和厚度的季节、年际变化直接引起高纬地区大气环流变化，并通过遥相关与复杂的反馈过程影响中、低纬地区的天气气候系统。

北极海冰范围（海冰密集度 ≥ 15% 的区域）通常在 3 月和 9 月分别达到其最大值和最小值。1979 ～ 2023 年，北极海冰范围呈一致性的下降趋势，3 月和 9 月海冰范围平均每 10 年分别减少 2.6% 和 14.1%。2023 年 3 月，北极海冰范围是 1444 万 km^2〔图 3.13(a)〕，较常年值偏小 3.9%，为有卫星观测记录以来的同期第六小值；9 月，北极海冰范围为 437 万 km^2〔图 3.13(b)〕，较常年值偏小 21.7%，为有卫星观测记录以来的同期第五小值。

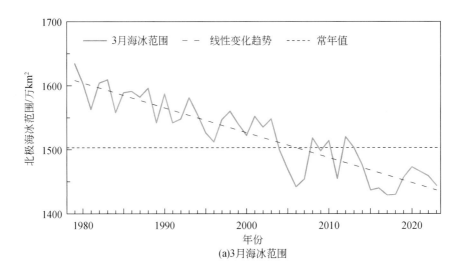

(a)3月海冰范围

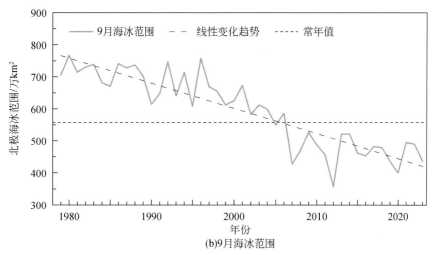

(b)9月海冰范围

图 3.13　1979 ～ 2023 年 3 月和 9 月北极海冰范围变化

资料来源：美国国家冰雪数据中心

Figure 3.13　Variation of sea ice extent in the Arctic in (a) March and (b) September from 1979 to 2023

Data source: National Snow and Ice Data Centre

3.2.2　南极海冰

南极海冰范围通常在 9 月和 2 月分别达到其最大值和最小值。1979 ～ 2023 年，南极海冰范围无显著的线性变化趋势，年际波动幅度加大，且阶段性变化特征明显，其中，1979 ～ 2015 年，南极海冰范围波动上升，但 2016 年以来海冰范围总体以偏小为主。2023 年 9 月，南极海冰范围为 1680 万 km^2［图 3.14(a)］，较常年值偏小 15.1%，为有

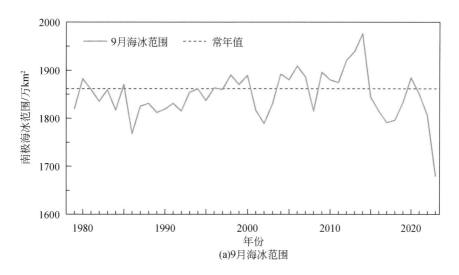

(a)9月海冰范围

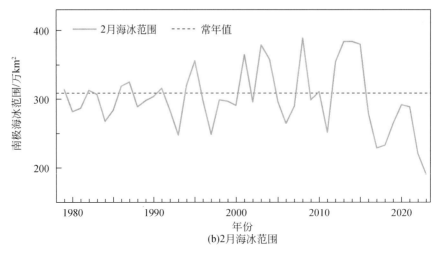

(b)2月海冰范围

图 3.14　1979～2023 年 9 月和 2 月南极海冰范围变化

资料来源：美国国家冰雪数据中心

Figure 3.14　Variation of sea ice extent in the Antarctic in (a) September and

(b) February from 1979 to 2023

Data source: National Snow and Ice Data Centre

卫星观测记录以来的同期最小值；2023 年 2 月，南极海冰范围为 191 万 km² ［图 3.14(b) ］，较常年值偏小 38.1%，亦为有卫星观测以来的同期最小值。

3.2.3　渤海海冰

中国海冰主要出现在每年冬季的渤海，对海洋生态环境以及海洋渔业、海上交通运输、海上工程、海上石油生产和沿海水产养殖等均有重要影响。该区域是全球纬度最低的结冰海域，其冰情演变过程可分为初冰期、发展期和终冰期三个阶段。

风云卫星海冰遥感监测显示，2022/2023 年冬季，渤海海冰初冰日出现于 2022 年 11 月下旬，终冰日出现于 2022 年 3 月上旬，冰情较常年水平偏轻，属轻冰年份（图 3.15）。海冰主要出现于辽东湾，渤海湾和莱州湾冰情较轻。2022/2023 年冬季，渤海全海域最大海冰面积为 11 127 km²，出现于 2023 年 1 月 27 日（图 3.16），较常年冬季最大海冰面积平均值偏小 39.2%。

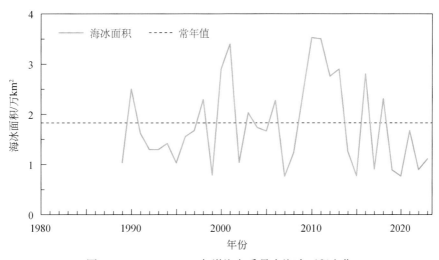

图 3.15　1989～2023 年渤海冬季最大海冰面积变化

Figure 3.15　Variation of winter maximum sea ice area in Bohai Sea from 1989 to 2023

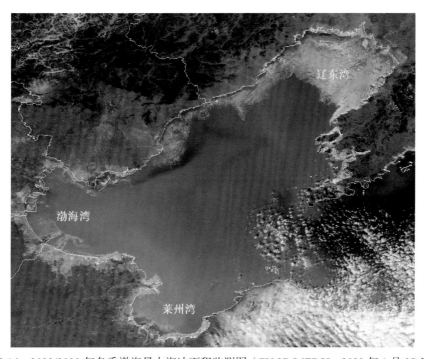

图 3.16　2022/2023 年冬季渤海最大海冰面积监测图（FY-3D/MERSI，2023 年 1 月 27 日）

Figure 3.16　Satellite image of maximum Bohai sea ice area in the winter 2022/2023 by FY-3D/MERSI on 27 January 2023

第4章 生 物 圈

地球上的全部生物及其无机环境的总和构成地球上最大的生态系统——生物圈。陆地占地球表面积的29%，陆地生态系统可为人类生存和发展提供不可或缺的自然资源。气候要素是决定陆地生态系统分布、结构及功能的主要因素，而陆地生态系统通过调节水循环、碳氮磷硫循环和能量流动过程从而影响整个气候系统，同时对农业、水资源、环境和众多行业领域产生深远的影响。海洋约占地球表面积的71%，丰富的生物多样性以及海洋生物赖以生存的海洋环境构成了海洋生态系统，其可划分为近岸海洋生态系统和大洋生态系统，其中近岸海洋生态系统又可分为珊瑚礁、红树林、海草床、盐沼等类型。海洋生态系统中蕴藏着丰富的资源，在调节全球气候方面起着重要的作用。全球变暖背景下，海洋生态系统正受到海水增暖和海水酸化等的严重威胁。综合应用地面观测和卫星遥感资料开展对地表温度、土壤湿度、物候及生物地球化学循环等多时空尺度陆面过程关键要素或变量和珊瑚礁、红树林等典型海洋生态系统变化的监测评估，是科学认识生物圈变化与生态系统碳汇演化、保障海洋生态文明建设和积极开展适应行动的重要前提。

4.1 陆地生物圈

4.1.1 地表温度

1961～2023年，中国年平均地表温度（0 cm 地温）呈显著上升趋势（图4.1），升温速率为0.34℃/10a。20世纪60～70年代中期，中国年平均地表温度呈阶段性下降趋势，之后呈明显上升趋势；尤其是2006年以来，中国年平均地表温度持续高于常年值。2023年，中国年平均地表温度较常年值偏高0.94℃，为1961年以来的最高值。

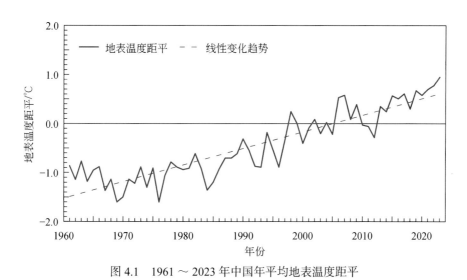

图 4.1　1961 ～ 2023 年中国年平均地表温度距平

Figure 4.1　Changes in anomalies of annual mean land surface temperature in China from 1961 to 2023

　　2023 年，中国大部地区地表温度较常年值偏高，东北地区中南部、华北大部、华东地区东北部、西南地区中南部、西北地区中部和北部地表温度偏高 1℃以上，其中黑龙江东南部、吉林东部和云南东北部的部分地区偏高 2℃以上；西藏东部和西南部、青海南部地表温度偏低 0 ～ 1℃（图 4.2）。

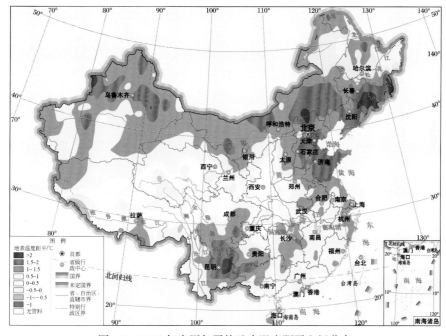

图 4.2　2023 年中国年平均地表温度距平空间分布

Figure 4.2　Distribution of annual mean land surface temperature anomalies in China in 2023

4.1.2　土壤湿度

1993～2023 年，中国不同深度（10 cm、20 cm 和 50 cm）年平均土壤相对湿度总体呈增加趋势，且随着深度的增加，土壤相对湿度增大（图 4.3）。从阶段性变化来看，20 世纪 90 年代至 21 世纪初，土壤相对湿度呈减小趋势，之后呈波动上升趋势。2023 年，中国 10 cm、20 cm 和 50 cm 深度年平均土壤相对湿度分别为 68%、72% 和 75%，均较2022 年小幅增加。

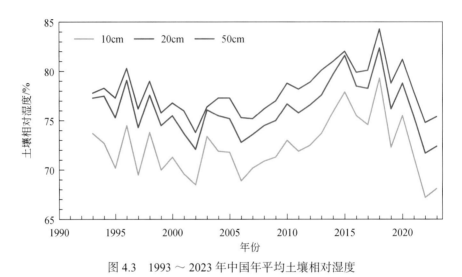

图 4.3　1993～2023 年中国年平均土壤相对湿度

Figure 4.3　Variation of annual mean relative soil moistures in China from 1993 to 2023

4.1.3　陆地植被

（1）植被覆盖

2000～2023 年，中国年平均归一化植被指数（NDVI）（刘良云，2014）整体呈显著上升趋势（图 4.4），全国的植被覆盖呈现持续变绿趋势。2023 年，中国平均 NDVI 为 0.371，是 2000 年以来的第三高值，略低于 2021 年和 2022 年，较2011～2020 年平均值增长 6.7%，较 2001～2020 年平均值增长 10.6%。

2023 年，东北地区东部和西北部、华东地区东南部、华中地区东南部和西部、华南、西南大部、青藏地区东南部年平均 NDVI 超过 0.6，植被覆盖明显好于其他地区；内蒙古中西部、青藏地区西北部、西北地区中西部年平均 NDVI 低于 0.2，植被覆盖相对较差［图 4.5(a)］。

图 4.4　2000～2023 年卫星遥感（EOS/MODIS）中国年平均归一化植被指数

Figure 4.4　Variations of annual mean normalized difference vegetation index (NDVI) in China
from 2000 to 2023 based on EOS/MODIS data

与 2001～2020 年平均值相比，2023 年中国中东部大部地区植被长势以偏好为主，西部地区植被长势基本持平［图 4.5(b)］。植被覆盖偏好的区域（NDVI 增幅超过 0.02）占全国陆地总面积的 52.9%；植被略偏差的区域（NDVI 降幅超过 0.02）占 3.7%。

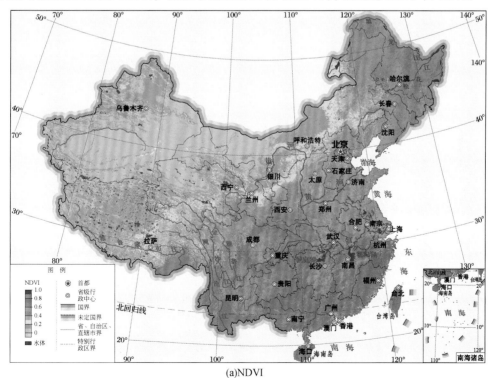

(a)NDVI

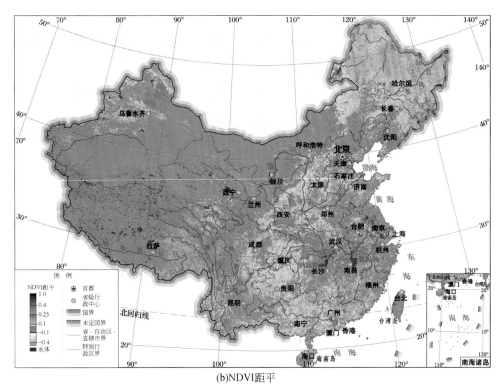

(b)NDVI距平

图 4.5　卫星遥感（EOS/MODIS）监测 2023 年中国归一化植被指数及距平

（相对于 2001 ～ 2020 年平均值）

Figure 4.5　Distribution of (a) the NDVI and (b) its anomalies (relative to the 2001–2020 average)

across China in 2023 based on EOS/MODIS data

（2）植物物候

物候主要指动、植物循环发生的生命周期阶段（Demarée and Rutishauser, 2011），是综合性的环境变化指示器（Schwartz, 2013），能敏感反映气候环境基本状态及变化趋势，常被用作气候变化对生态系统影响的独立证据（葛全胜等，2010；Ge et al., 2015）。中国物候观测网于 1963 年开始全国性植物物候期观测（Dai et al., 2014），主要观测区域代表性木本植物的萌动、展叶、开花、果实成熟、叶变色和落叶等生物过程中的 18 个典型物候期。其中，展叶期始期和落叶期始期分别是春季和秋季物候期典型的代表。

华北地区北京站的玉兰（*Magnolia denudata*）、东北地区沈阳站的刺槐（*Robinia pseudoacacia*）、华东地区合肥站的垂柳（*Salix babylonica*）、华南地区桂林站的枫香树（*Liquidambar formosana*）和西北地区西安站的色木槭（*Acer mono*）5 种区域代表性植物的长序列物候观测资料显示：1963～2023年，5个站点代表性树种的展叶期始期均呈显著的提前趋势（图4.6），北京站玉兰、沈阳站刺槐、合肥站垂柳、桂林站枫香树和西安站色木槭展叶期始期平均每10年分别提前3.4天、1.4天、2.3天、2.7天和3.0天。2023年，北京和西安站代表性树种的春季物候期均较常年值偏早，展叶期始期分别偏早9天和18天，其中西安站色木槭为有观测记录以来最早；沈阳、合肥和桂林站代表性树种展叶期始期较常年值分别偏晚4天、4天和3天。

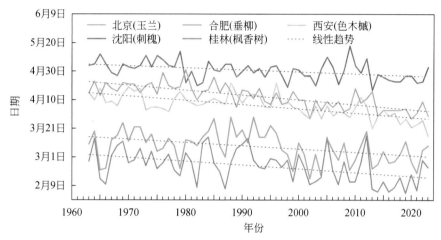

图4.6　1963～2023年中国不同地区代表性植物展叶期始期变化

数据来源：中国物候观测网

Figure 4.6　Variation of the first leaf date of typical plants by region in China from 1963 to 2023

Data source: Chinese Phenological Observation Network

与春季物候期相比，各站点代表性植物落叶期始期变化年际波动较大（图4.7）。1963～2023年，沈阳站刺槐和合肥站垂柳落叶期始期呈显著推迟趋势，平均每10年分别推迟1.2天和4.6天；北京站玉兰和西安站色木槭落叶期始期均呈不显著的推迟趋势；桂林站枫香树落叶期始期呈不显著提前趋势。2023年，北京站玉兰、沈阳站刺槐和桂林站枫香树落叶期始期较常年值分别偏早11天、19天和30天，其中沈阳站刺槐为有观测记录以来最早；合肥站垂柳和西安站色木槭落叶期始期较常年值分别偏晚16天和10天。

（3）典型农田生态系统二氧化碳通量

寿县国家气候观象台（32°26′N，116°47′E）于2007年建成近地层二氧化碳通量观测系统，下垫面为水稻和冬小麦轮作农田（段春锋等，2020），监测评估主要温室气体通量变化，为科学认识中国东部季风区典型农田生态系统碳循环过程提供基础数

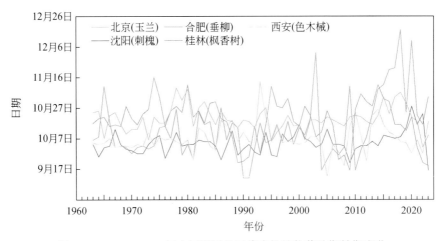

图 4.7　1963 ～ 2023 年中国不同地区代表性植物落叶期始期变化

数据来源：中国物候观测网

Figure 4.7　Variation of the beginning date of leaf-falling of typical plants by region in China from 1963 to 2023

Data source: Chinese Phenological Observation Network

据。2007 ～ 2023 年，寿县国家气候观象台观测的农田生态系统（稻茬冬小麦和一季稻）主要表现为二氧化碳净吸收。2023 年，二氧化碳通量为 –2.34 kg/(m² · a)，净吸收较 2011 ～ 2020 年平均值偏少 0.22 kg/(m² · a)。

2011 ～ 2020 年的平均状况分析表明，寿县国家气候观象台农田生态系统二氧化碳排放与吸收呈双峰型特征（图 4.8），与作物生育阶段密切关联。早春，随冬小麦返青生

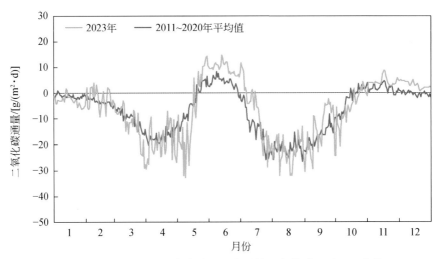

图 4.8　寿县国家气候观象台农田生态系统二氧化碳通量逐日变化

Figure 4.8　Variation of daily CO$_2$ flux in agro-ecosystem observed at Shouxian

National Climatology Observatory

长，二氧化碳通量逐渐表现为净吸收，并随着冬小麦生长发育而增强；6月，随着小麦的成熟收割、腾茬、水稻种植（插秧），下垫面的呼吸与分解使得农田生态系统转为二氧化碳净排放；其后水稻进入生长期，二氧化碳通量再次转入净吸收，直至10月上旬水稻成熟；而水稻收获期、冬小麦播种与出苗期，二氧化碳通量基本表现为弱排放，12月冬小麦进入越冬期，二氧化碳通量表现为弱吸收。

与2011～2020年同期平均值相比，2023年冬小麦生长季中1月至5月中旬寿县国家气候观象台农田生态系统二氧化碳通量净吸收偏多19%，但12月为明显的净排放；水稻生长季（7月至10月上旬）二氧化碳通量净吸收偏少8%；作物收获腾茬和种植阶段，6月二氧化碳通量净排放偏多143%，10月中旬至11月净排放偏多104%。

2023年寿县国家气候观象台农田生态系统二氧化碳净吸收偏少，主要由于作物收获腾茬阶段二氧化碳净排放显著增加和水稻生长季净吸收减少。6月寿县气温较常年偏高0.7℃，降水偏少39%，高温日数偏多3.5天，为1980年以来第二多，导致作物收获腾茬阶段二氧化碳净排放增加；6月27日至9月10日寿县降水量较常年偏少60%，出现三次气象干旱过程，中旱以上日数占71%，影响水稻的生长发育，导致水稻生长季二氧化碳净吸收减少。

4.1.4　区域生态气候

（1）西北地区石羊河流域荒漠化

石羊河流域位于河西走廊东部，是西北地区生态气候变化敏感区和脆弱区。卫星遥感监测显示，2005～2023年，石羊河流域荒漠面积呈显著减小趋势（图4.9）。2023年，流域荒漠面积为1.53万km^2，较2005～2020年平均值减少10.8%。2005～2023年，石羊河流域降水量波动增加，加之2006年启动人工输水工程，受气候因素和工程治理措施的共同影响，流域生态环境明显趋于好转。

石羊河流域沙漠边缘进退速度主要受风的动力作用（受控于风向、风速和大风日数等）影响。2005～2023年，石羊河流域沙漠边缘外延速度总体趋缓，凉州区东沙窝监测点沙漠边缘外延速度明显减缓，2014年以来民勤县蔡旗监测点沙漠外缘波动幅度较大（图4.10）。2005～2023年，民勤县蔡旗监测点和凉州区东沙窝监测点沙漠边缘向外推进的平均速度为3.1 m/a和1.1 m/a；2023年，民勤县蔡旗监测点和凉州区东沙窝监测点沙漠边缘分别外推了5.0 m和0.6 m。

（2）西南岩溶区石漠化

石漠化是西南岩溶区突出的生态问题。西南岩溶区包含石漠化区和潜在石漠化区，

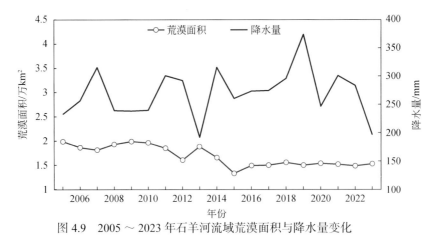

图 4.9　2005～2023 年石羊河流域荒漠面积与降水量变化

Figure 4.9　Changes in the desert area and annual precipitation in the Shiyang River Basin from 2005 to 2023

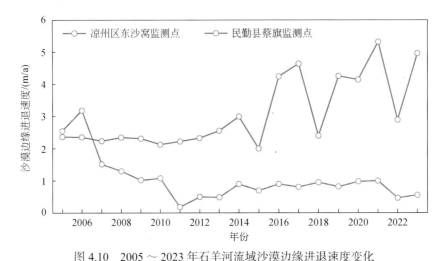

图 4.10　2005～2023 年石羊河流域沙漠边缘进退速度变化

Figure 4.10　Changes in advance and retreat speeds of desert rims in the Shiyang River Basin from 2005 to 2023

主要分布于贵州大部、云南东部和西北部、广西中部和西北部。据全国岩溶地区第三次石漠化监测结果：西南地区石漠化土地面积为 6.35 万 km²，占岩溶区总面积的 23.4%；其中轻度、中度、重度和极重度石漠化土地面积分别占 36.0%、42.3%、19.7% 和 2.0%。近年来，随着石漠化综合治理工程实施以及区域内良好的水热条件，西南地区石漠化土地面积持续减少，岩溶区生态状况稳步向好（Chen et al., 2021）。

卫星遥感监测显示，2000～2023 年，西南岩溶区秋季 NDVI 呈显著增加趋势（图 4.11）；植被覆盖明显改善的地区占石漠化区总面积的 38.8%，主要分布于贵州中部和北部、云南东部、广西中部；植被覆盖变差的地区占石漠化区总面积的 5.4%，改善不明显或变差的区域主要分布于贵州西部、云南西北部和中东部、广西中北部和东北部的部分地区（图 4.12）。2023 年，西南岩溶区总体气候条件较好，利于植被生长；岩溶区秋季 NDVI 达 0.70，为 2000 年以来的同期最高值。2023 年，贵州出现散发的阶段性干旱，对植被生长有一定影响，但光热条件总体较好，利于植被生长；云南大部地区发生冬春连旱，中东部地区旱情持续至 6 月上旬，对植被生长产生较大影响；广西 5 月发生了较大范围的气象干旱，但秋季降雨充沛利于植被生长恢复。

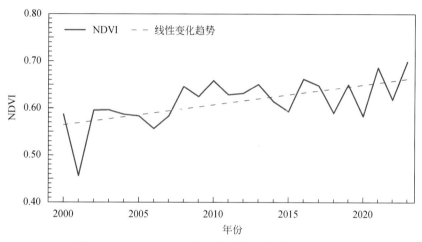

图 4.11　2000 ～ 2023 年西南岩溶区秋季 NDVI 变化

Figure 4.11　Variation of the autumn NDVI in the karst areas of Southwest China from 2000 to 2023

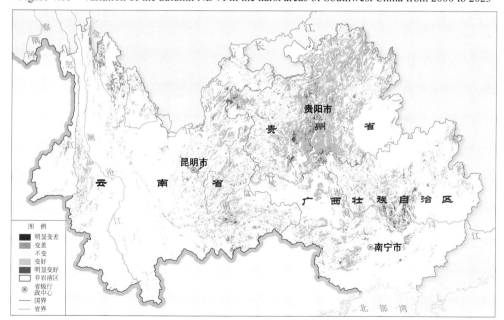

图 4.12　2000 ～ 2023 年西南岩溶区秋季植被指数变化趋势分布

Figure 4.12　Variation trend distribution of the autumn NDVI in the karst areas of Southwest China from 2000 to 2023

4.2 海洋生物圈

4.2.1 珊瑚礁生态系统

以造礁珊瑚为框架的珊瑚礁生态系统是热带和亚热带海洋最突出、最具有代表性的生态系统，被誉为"海洋中的热带雨林"，是地球上生产力和生物多样性最高的海洋生态系统之一。珊瑚礁生态系统对于维持海洋生态平衡、渔业资源再生、生态旅游观光以及保礁护岸等都至关重要，具有重要的生态学功能和社会经济价值。中国珊瑚礁生态系统主要分布于华南沿海、海南岛和南海诸岛等地，珊瑚礁面积约为 3.8×10^4 km²（黄晖等，2021）。近几十年来由于全球气候变化和人类活动的双重压力，全球范围内的珊瑚礁出现了严重的退化趋势（IPCC，2019），珊瑚覆盖率逐年下降。过去 30 年，中国南海尤其是近岸区域的活造礁石珊瑚覆盖率下降了 80%（黄晖等，2021）。

过去 40 年，中国南海夏季海洋热浪呈持续时间更长、范围更广、强度更大的变化趋势；2010～2019 年，极端海洋热浪的发生频率是 20 世纪 80 年代的 4 倍以上（Tan et al., 2022）。造礁石珊瑚是珊瑚礁生态系统的框架生物，其典型特征是珊瑚 – 虫黄藻的共生，造礁石珊瑚对生存温度要求严格，合适生长温度范围为 25～28℃。珊瑚对海水温度升高非常敏感，当海水月平均温度比长期的夏季平均温度高出 1℃时，此时海水的周热度（Degree Heating Week，DHW）为 4，造礁石珊瑚会慢慢失去体内共生虫黄藻而导致珊瑚变白甚至死亡；而当海水月平均温度异常升高超过 2℃，周热度指数达到 8 以上时即达到珊瑚白化预警阈值，会发生大规模珊瑚白化和死亡（Skirving et al., 2020）。

野外调查研究显示：2020 年夏季南海北部发生了严重的海洋热浪并造成大面积珊瑚白化事件，三亚海域由于上升流的缓解效应珊瑚白化率为 13%；而在涠洲岛、徐闻和临高等海域珊瑚白化率介于 80%～88%，且这些区域的珊瑚种类均以对高温相对耐受的团块型珊瑚为主，如滨珊瑚、角孔珊瑚、扁脑珊瑚、角蜂巢珊瑚等，但其仍无法经受海洋热浪而发生严重白化（Mo et al., 2022）。2021 年夏季，南海海域未发生明显的珊瑚热白化事件；2022 年夏季，海南文昌（19°55′N，110°88′E）和三亚鹿回头（18°18′N，109°45′E）观测到明显的珊瑚白化事件（图 4.13），但白化珊瑚后续多发生恢复；2023 年夏季南海海域则未观测记录到珊瑚白化事件。

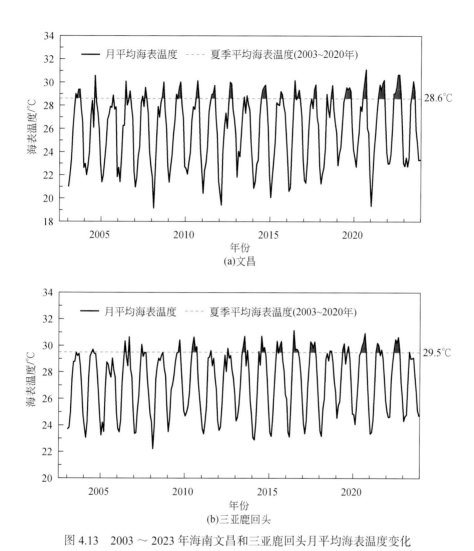

图 4.13　2003 ～ 2023 年海南文昌和三亚鹿回头月平均海表温度变化

数据来源：美国国家海洋与大气管理局

Figure 4.13　Variation of the monthly mean SST at (a) Wenchang and (b) Luhuitou, Sanya, Hainan

from 2003 to 2023

Date source: US National Oceanic and Atmospheric Administration

4.2.2　红树林生态系统

红树林是生长于热带、亚热带海岸潮间带或河流入海口的湿地木本植物群落，其在维持滨海生态稳定和海陆物质能量循环中起着重要的作用（林鹏，1997）。红树林极高的碳密度使之成为海岸带"蓝碳"生态系统的重要组成部分（IPCC，2022）。此外，红树林因具有防风消浪、促淤造陆、净化水质，为人类社会提供经济产品，为水禽提供栖息地，为鱼、虾、蟹、贝类营造生长繁殖环境等生态功能和价值，被列为国际湿地生态保护和生物多样性保护的重要对象。

中国红树林分布的南界是海南省三亚市（18°12′N），自然分布的北界为福建省福鼎市（27°20′N），而人工引种的北界是浙江省舟山市（29°32′N），跨浙江、福建、台湾、广东、广西、海南、香港和澳门8个省（自治区、特别行政区）。20世纪50年代，中国红树林分布面积约为420 km²（廖宝文和张乔民，2014）。卫星遥感监测显示，1973～2023年，中国红树林面积总体呈先减少后增加的趋势（图4.14）。1973～2000年，中国红树林面积减少了302 km²，其中广东、香港和澳门红树林面积减少最为明显；1973～1980年红树林面积急剧减少，1980～2000年红树林面积继续降低。2000～2023年，中国红树林总面积稳步增加，至2023年已达到245 km²，基本恢复至1990年水平。其中，广东、香港和澳门红树林总面积增长较大，至2023年面积增至112 km²，略高于1990年水平；广西红树林面积波动增加，至2023年沿海红树林面积达到77 km²，已超过1973年的水平。

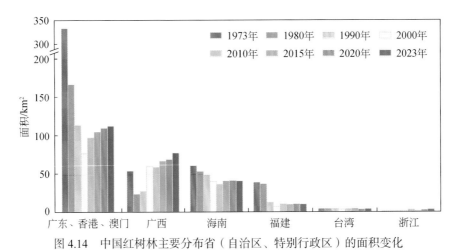

图4.14　中国红树林主要分布省（自治区、特别行政区）的面积变化

Figure 4.14　Changes in the area of mangrove in major provinces (autonomous regions, special administrative regions) in China

第5章 气候变化驱动因子

气候变化的主要驱动力包括自然外强迫因子、气候系统的内部变率和人为强迫因子变化，其中自然强迫因子包括太阳活动、火山活动和地球轨道参数等。工业化时代人类活动通过化石燃料燃烧向大气排放大量温室气体，以及通过排放气溶胶改变自然大气的成分构成，从而影响地球大气辐射收支平衡；同时，大范围土地覆盖和土地利用方式变化，会改变下垫面特征，导致地气之间能量、动量和水分传输的变化，进而影响全球及区域气候变化。

5.1 太阳活动与太阳辐射

5.1.1 太阳黑子

太阳活动表现为 11 年左右的周期性变化，最短约为 9 年，最长可达 13 年。通常用太阳黑子相对数来表征太阳活动长周期水平的高低，并将 1755 年太阳黑子数最少时开始的活动周称作太阳的第 1 个活动周（Clette and Lefèvre，2016）。观测显示，目前太阳活动已经进入第 25 周的峰年阶段，预计其总体活动水平高于第 24 周（于 2019 年 12 月结束），峰值或出现于 2024～2025 年。2023 年，太阳黑子相对数年平均值为 125.3 ± 40.3，明显高于 2022 年（83.2 ± 34.8）和 2021 年（29.6 ± 27.5），超过了第 24 周最高水平（2014 年太阳黑子相对数为 113.3 ± 38.2）（图 5.1）。

5.1.2 太阳辐射

1961～2023 年，中国陆地表面平均接收到的年总辐射量趋于减少，平均每 10 年减少 7.4（kW·h）/m²，且阶段性特征明显，20 世纪 60 年代至 80 年代中期，中国平均年总辐射量总体处于偏高阶段（Liu et al.，2015），且年际变化较大；80 年代后期以来，年总辐射量波动下降（图 5.2）。2023 年，中国平均年总辐射量为 1496.1（kW·h）/m²，较常年值偏低 22.9（kW·h）/m²。

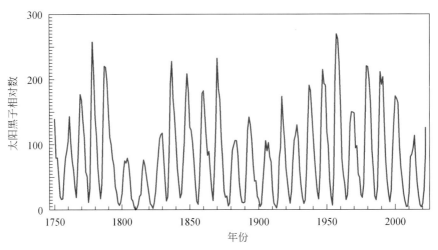

图 5.1　1750～2023 年太阳黑子相对数年平均值变化

资料来源：世界太阳黑子指数和长期太阳观测数据中心，比利时皇家天文台

Figure 5.1　Variation of annual average values of sunspot relative numbers from 1750 to 2023

Data source: World Data Centre SILSO, Royal Observatory of Belgium, Brussels

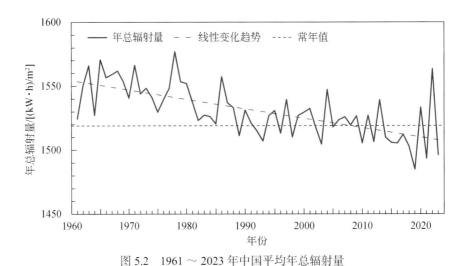

图 5.2　1961～2023 年中国平均年总辐射量

Figure 5.2　Average annual total solar radiation in China from 1961 to 2023

2023 年，东北地区西部、华北地区大部、西南地区中西部、青藏地区大部、西北地区大部年总辐射量超过 1400（kW·h）/m²，其中西藏中部和西部、青海中北部和西南部年总辐射量超过 1750（kW·h）/m²，为太阳能资源最丰富区；东北地区中东部、华东地区中南部、华中地区大部、华南地区、西北地区东南部年总辐射量 1050～1400（kW·h）/m²，为太阳能资源丰富区；湖北西南部、湖南西北部、四川东南部、重庆大部和贵州北部年总辐射量小于 1050（kW·h）/m²，为太阳能资源一般区［图5.3(a)］。

与常年值相比，2023 年，东北地区北部、华南南部部分地区、青藏地区东南部、西北地区东部和西北部的部分地区总辐射量偏低 20～100（kW·h）/m²；华北地区南部、华东北部和东南部、华南西北部、西南地区中东部、西北地区东南部的部分地区偏高 20～100（kW·h）/m²，其中贵阳大部和广西西北部偏高 100（kW·h）/m² 以上［图5.3(b)］。

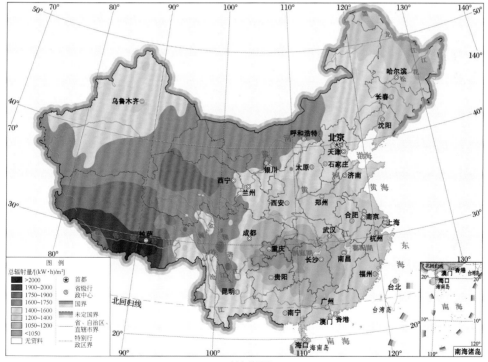

(a)总辐射量

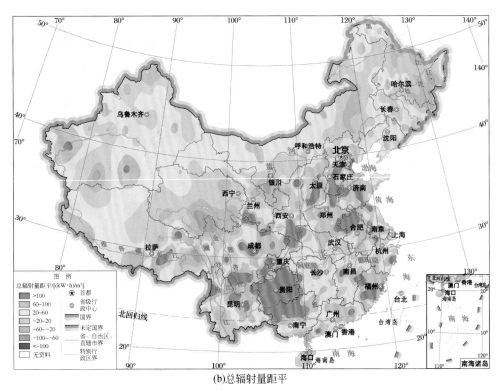

(b)总辐射量距平

图 5.3　2023 年中国陆地表面太阳总辐射量及其距平百分率空间分布

Figure 5.3　Distribution of (a) the total solar radiation and (b) its anomaly percentage on land surface in China in 2023

5.2　火山活动

　　火山活动，特别是强烈的火山喷发，是驱动年际—百年尺度气候变化的自然外强迫因子。1950 年以来，全球火山爆发指数（Volcanic Explosivity Index，VEI）3 级及以上的重大火山爆发事件共发生 125 次，其中 VEI 达 5 级以上的超级火山爆发共出现过 5 次，超级火山主要分布于环太平洋火山地震带。2023 年，全球共有 73 座火山出现喷发活动（Global Volcanism Program，2024），火山喷发强度总体较低，未发生 VEI 大于 3 级的火山喷发事件。年内，全球活跃的火山包括俄罗斯的希韦卢奇火山、克柳切夫斯科伊火山；日本鹿儿岛的樱岛火山及其南侧多座火山；意大利的埃特纳火山、斯特龙博利火山；印度尼西亚的默拉皮火山、喀拉喀托岛火山；冰岛的法格拉达尔山火山、雷克雅未克火山；美国夏威夷的基拉韦厄火山以及秘鲁的萨班卡亚火山等。

希韦卢奇火山（Shiveluch Volcano，56.65°N，161.36°W）海拔 3283m，是俄罗斯远东地区堪察加半岛位置最北的一座活火山，也是堪察加半岛最活跃的火山之一。风云四号 B 星（FY-4B）监测显示：希韦卢奇火山于 2023 年 4 月 11 日凌晨 04:00 左右（北京时，下同）开始喷发，喷发物以水汽、二氧化硫（SO_2）气体和火山灰等为主。在当日 10:20 的 FY-3D 真彩色影像上可以看到，常年被冰雪覆盖的火山口及其南侧上空聚集了大量棕色火山灰云（图 5.4）。12 日，该火山继续喷发，火山喷发产生的火山灰云向东南方向延伸约 960 km；经卫星资料反演估算，火山口附近喷发出的火山灰云高度为 12 ～ 15 km，随着火山灰云的扩散高度有所降低。截至 13 日 10:00，FY-4B 卫星监测显示火山口附近仍有间断的火山喷发迹象，但强度明显减弱。

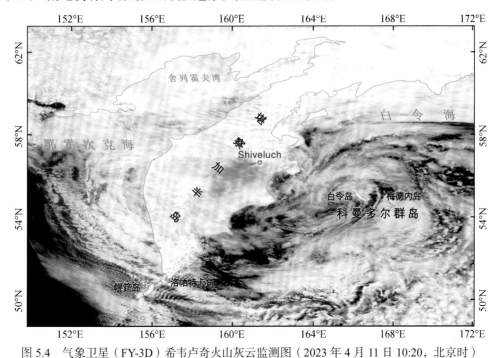

图 5.4　气象卫星（FY-3D）希韦卢奇火山灰云监测图（2023 年 4 月 11 日 10:20，北京时）

Figure 5.4　Volcanic ash clouds from Shiveluch Volcano monitored by FY-3D satellite

at 10:20 BT 11 April 2023

5.3　大气成分

5.3.1　温室气体

中国青海瓦里关全球大气本底站（36°17' N，100°54' E；海拔 3816 m）为世界气象组织/全球大气监视网计划（WMO/GAW）的 32 个全球大气本底观测站之一，是中国最先开展温室气体监测的观测站，也是目前欧亚大陆腹地唯一的大陆型全球本底站（Zhou et al., 2005）。1990～2022 年，瓦里关全球大气本底站大气二氧化碳浓度逐年上升，月平均浓度变化特征与同处于北半球高海拔地区的美国夏威夷冒纳罗亚（Mauna Loa，19°32' N，155°35' E；海拔 3397m）全球大气本底站（Keeling et al., 1976）基本一致（图 5.5），反映了北半球中纬度地区本底站大气二氧化碳浓度长期变化趋势。

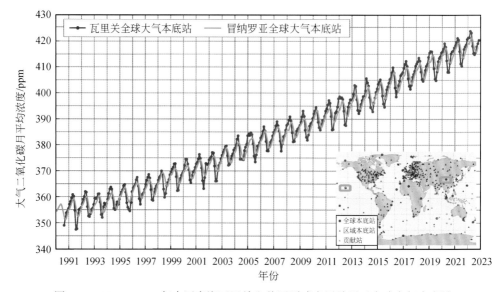

图 5.5　1990～2022 年中国青海瓦里关和美国夏威夷冒纳罗亚全球大气本底站
大气二氧化碳月平均浓度变化

美国夏威夷冒纳罗亚全球大气本底站数据源自美国国家海洋与大气管理局，下同

Figure 5.5　Changes in monthly mean atmospheric CO_2 concentrations observed at Waliguan and

Mauna Loa atmospheric background stations from 1990 to 2022

Hawaii Mauna Loa station data source: US National Oceanic and Atmospheric Administration, the same below

2022 年，瓦里关全球大气本底站大气二氧化碳年平均浓度为 419.3 ± 0.2 ppm，与北半球平均值（419.0 ppm）和冒纳罗亚全球大气本底站（418.5 ± 0.1 ppm）同期结果较为接近，略高于全球平均值（417.9 ± 0.2 ppm），明显高于南半球平均值（415.1 ppm）（图 5.6）。

2022 年，中国 6 个区域大气本底站（北京上甸子、浙江临安、黑龙江龙凤山、湖北金沙、云南香格里拉和新疆阿克达拉）二氧化碳的年平均浓度依次为 428.5 ± 0.4 ppm、437.7 ± 0.4 ppm、424.9 ± 0.6 ppm、431.8 ± 0.5 ppm、420.2 ± 0.1 ppm 和 421.4 ± 1.3 ppm，反映了我国不同区域间大气二氧化碳浓度水平的差异（图 5.7）。

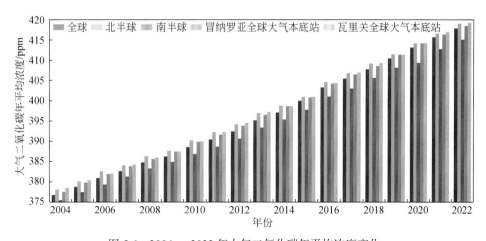

图 5.6　2004 ～ 2022 年大气二氧化碳年平均浓度变化

Figure 5.6　Changes in annual mean atmospheric CO$_2$ concentrations from 2004 to 2022

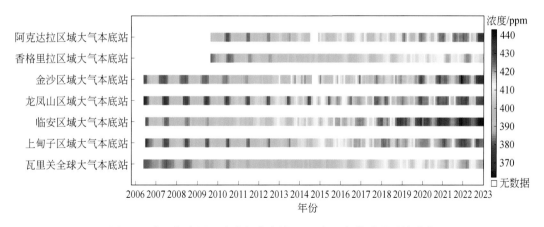

图 5.7　中国气象局 7 个大气本底站近 15 年二氧化碳月平均浓度

Figure 5.7　Monthly mean CO$_2$ concentrations observed at seven CMA atmospheric background stations in the past 15 years

　　2022 年，瓦里关全球大气本底站大气甲烷年平均浓度为 1979 ± 0.6 ppb，略高于北半球平均值（1958.5 ppb），高于冒纳罗亚全球大气本底站观测结果（1926.3 ± 1.0 ppb）、全球平均值（1923 ± 2.0 ppb）和南半球平均值（1865.8 ppb）（图 5.8）。

　　2022 年，瓦里关全球大气本底站大气氧化亚氮年平均浓度为 336.5 ± 0.2 ppb，与北半球平均值（336.2 ± 0.1 ppb）和冒纳罗亚全球大气本底站（336.8 ± 0.2 ppb）同期观测结果大体相当，略高于全球平均值（335.8 ± 0.1 ppb）（图 5.9）。

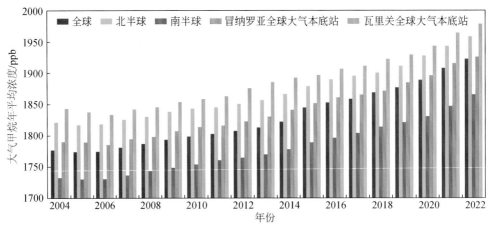

图 5.8　2004～2022 年大气甲烷年平均浓度变化

Figure 5.8　Changes in annual mean atmospheric methane concentrations from 2004 to 2022

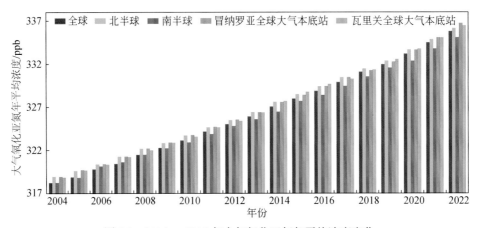

图 5.9　2004～2022 年大气氧化亚氮年平均浓度变化

Figure 5.9　Changes in annual mean atmospheric nitrous oxide concentrations from 2004 to 2022

2022 年，瓦里关全球大气本底站大气六氟化硫年平均浓度为 11.24 ± 0.03 ppt[①]，与北半球平均值（11.24 ± 0.03 ppt）和冒纳罗亚全球大气本底站（11.17 ± 0.03 ppt）同期观测结果较为接近，略高于全球平均值（11.04 ± 0.03 ppt）（图 5.10）。

---

① ppt，干空气中每万亿（10^{12}）个气体分子中所含的该种气体分子数。

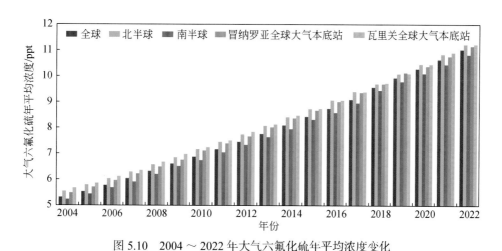

图 5.10　2004 ～ 2022 年大气六氟化硫年平均浓度变化

Figure 5.10　Changes in annual mean atmospheric sulfur hexafluoride concentrations from 2004 to 2022

1990 ～ 2022，瓦里关全球大气本底站大气二氧化碳碳稳定同位素比值（$\delta^{13}C$）呈逐年降低趋势（图 5.11），长期变化特征与美国冒纳罗亚全球大气本底站基本一致，均与大气二氧化碳浓度逐年升高的趋势相反。2022 年瓦里关站年均值为 –8.71‰。煤、石油、天然气等化石燃料燃烧所释放二氧化碳 $\delta^{13}C$ 值明显低于当今大气，该趋势反映了人类活动对大气二氧化碳浓度不断升高的直接贡献。

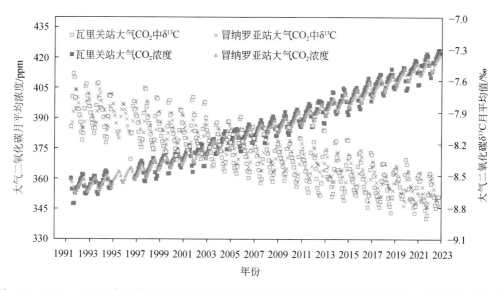

图 5.11　1990 ～ 2022 中国青海瓦里关和美国夏威夷冒纳罗亚全球大气本底站大气二氧化碳浓度及其
碳稳定同位素比值月平均值变化

Figure 5.11　Changes in monthly mean atmospheric CO_2 concentrations and carbon stable isotope ratios
observed at Waliguan and Mauna Loa atmospheric background stations from 1990 to 2022

5.3.2 臭氧

（1）臭氧总量

20世纪70年代中后期全球臭氧总量开始逐渐降低，1992～1993年因菲律宾皮纳图博火山（Pinatubo Volcano）爆发而降至最低点。青海瓦里关全球大气本底站和黑龙江龙凤山区域大气本底站观测结果显示，1991年以来臭氧总量季节波动明显，虽年平均值无明显增减趋势，但最近些年臭氧总量在整体回升趋势下表现出起伏变化（图5.12）。2023年，瓦里关全球大气本底站和黑龙江龙凤山区域大气本底站臭氧总量平均值分别为298±21陶普生（DU）[①]和355±47 DU。与2022年相比，瓦里关全球大气本底站臭氧总量年平均值下降1 DU，臭氧总量的最高值（369 DU）和最低值（249 DU）均明显低于2022年的389 DU和260 DU。2023年黑龙江龙凤山区域大气本底站臭氧总量较2022年下降10 DU，且臭氧总量的最高值（493 DU）和最低值（262 DU）均明显低于2022年对应的524 DU和266 DU；但其仍高于2020年（349±47 DU）因北极春季平流层臭氧损耗及其影响向南延伸所造成的低值（Manney et al.，2020），也与2021年、2019年和2017年的平均值（分别为357±51 DU、357±54 DU和357±48 DU）接近，表现出平流层臭氧总量典型的准两周年振荡特征。

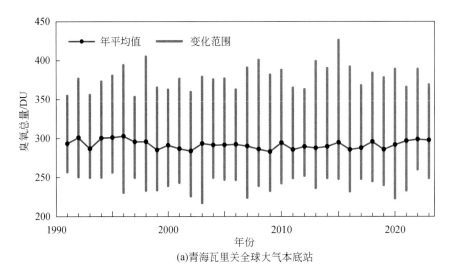

(a)青海瓦里关全球大气本底站

[①] 1DU=10^{-5} m/m²，表示标准状态下每平方米面积上有0.01 mm厚臭氧。

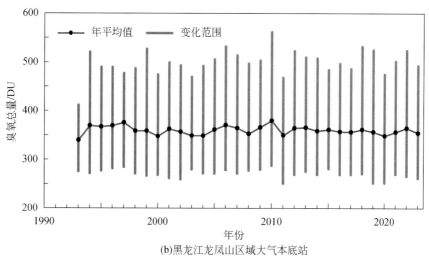

(b)黑龙江龙凤山区域大气本底站

图 5.12　1991 ～ 2023 年青海瓦里关全球大气本底站和黑龙江龙凤山区域大气本底站观测到的
臭氧总量变化

圆心实线为年平均值的变化，灰色竖线表示臭氧总量值的范围

Figure 5.12　Changes in annual total ozone observed at (a) Waliguan and (b) Longfengshan atmospheric
background stations from 1991 to 2023

The red solid lines represent annual mean values, and the grey vertical lines the total ozone range

（2）地面臭氧

对流层臭氧占大气柱臭氧总量的十分之一，其对大气氧化性、植被与人类健康影响明显。青海瓦里关全球大气本底站长序列的地面臭氧连续观测显示，1999 ～ 2023 年，地面臭氧年平均浓度总体呈上升趋势；2023 年，地面臭氧平均浓度为 52.7 ± 7.8 ppb（图 5.13）。2004 ～ 2023 年，北京上甸子区域大气本底站地面臭氧年平均浓度亦呈

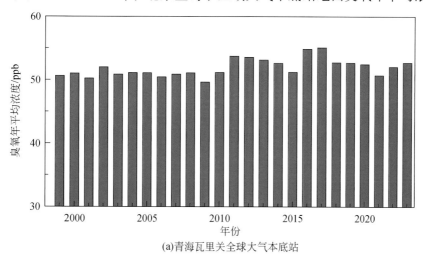

(a)青海瓦里关全球大气本底站

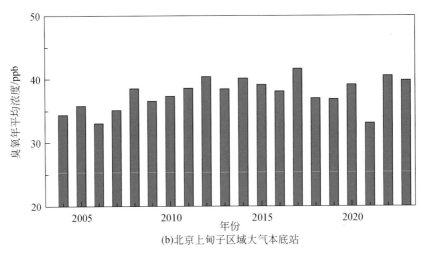

(b)北京上甸子区域大气本底站

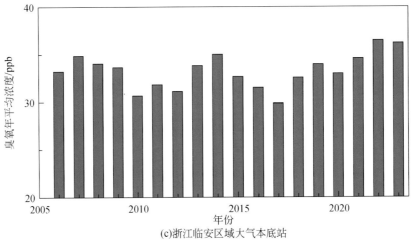

(c)浙江临安区域大气本底站

图 5.13　1999～2023 年青海瓦里关全球大气本底站、北京上甸子区域大气本底站和
浙江临安区域大气本底站观测到地面臭氧年平均浓度变化

Figure 5.13　Changes in annual mean surface ozone concentrations observed at (a) Waliguan,(b) Shangdianzi,
and (c) Lin'an atmospheric background stations from 1999 to 2023

上升趋势；2023 年，地面臭氧平均浓度为 39.8 ± 13.4 ppb。2006～2023 年，浙江
临安区域大气本底站地面臭氧年平均浓度呈弱的上升趋势；2023 年，地面臭氧平
均浓度为 36.2 ± 8.8 ppb。青海瓦里关全球大气本底站地面臭氧年平均浓度水平高于
其他本底站，主要受平流层高浓度向下输送以及南亚污染气团传输影响（Xu et al.,
2018b）。

5.3.3　气溶胶

气溶胶通过散射和吸收辐射直接影响气候变化，也可通过在云形成过程中扮演凝结核或改变云的光学性质和生存时间而间接影响气候。气溶胶光学厚度（Aerosol Optical Depth，AOD），是用来表征气溶胶对光的衰减作用的重要监测指标，光学厚度越大，代表大气中气溶胶含量越高（Che et al., 2015，2019）。2004～2023 年，中国气溶胶光学厚度总体呈下降趋势，且阶段性变化特征明显。2004～2014 年，北京上甸子、浙江临安和黑龙江龙凤山区域大气本底站气溶胶光学厚度年平均值波动增加；2014～2023 年，均呈波动降低趋势（图 5.14）。2023 年，北京上甸子、浙江临安和黑龙江龙凤山区域大气本底站可见光波段（中心波长 440 nm）气溶胶光学厚度平均值分别为 0.31±0.29、0.38±0.22 和 0.32±0.38，较 2022 年均略有降低，其中上甸子和临安站均为有观测记录以来的最低值。

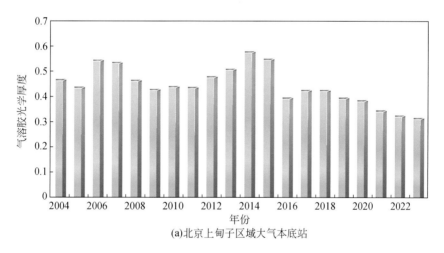

(a)北京上甸子区域大气本底站

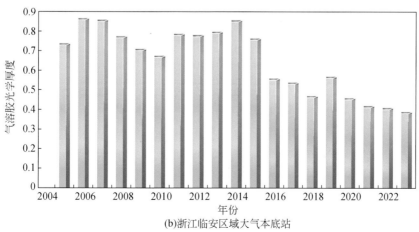

(b)浙江临安区域大气本底站

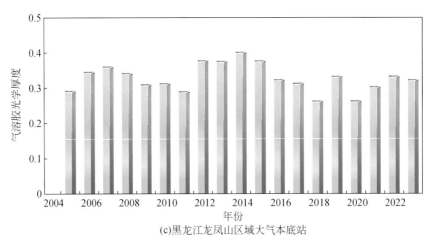

(c)黑龙江龙凤山区域大气本底站

图 5.14 2004～2023 年北京上甸子、浙江临安和黑龙江龙凤山区域大气本底站观测到的
气溶胶光学厚度年平均值变化

Figure 5.14 Changes in annual mean aerosol optical depth (AOD) observed at (a) Shangdianzi, (b) Lin'an,
and (c) Longfengshan atmospheric background stations from 2004 to 2023

选取湖北金沙、云南香格里拉和新疆阿克达拉区域大气本底站，分析大气细颗粒物 $PM_{2.5}$ 平均浓度的变化趋势。监测表明，2006～2023 年，湖北金沙区域大气本底站 $PM_{2.5}$ 年平均质量浓度呈显著下降趋势，且阶段性变化特征明显［图 5.15(a)］；2006～2008 年下降明显，随后呈上升趋势并于 2013 年达到峰值（45.2 ± 27.1 μg/m^3），2014 年以来整体呈下降趋势。2023 年，湖北金沙区域大气本底站 $PM_{2.5}$ 年平均质量浓度为 23.2 ± 8.7 μg/m^3，较 2022 年上升 0.6μg/m^3。

2006～2023 年，云南香格里拉区域大气本底站 $PM_{2.5}$ 年平均质量浓度呈弱的下降趋势［图 5.15(b)］。2006～2010 年，$PM_{2.5}$ 年平均质量浓度在波动中下降；2011～2013 年逐年上升，于 2013 年达到 2006 年以来的最大值（7.1 ± 4.2 μg/m^3），随后总体呈下降趋势。2023 年，云南香格里拉区域大气本底站 $PM_{2.5}$ 平均质量浓度为 4.3 ± 2.1 μg/m^3，较 2022 年下降 0.5 μg/m^3。

2006～2023 年，新疆阿克达拉区域大气本底站 $PM_{2.5}$ 年平均质量浓度总体呈增加趋势［图 5.15(c)］，2011 年平均质量浓度为 2006 年以来的最低值（6.7 ± 1.9 μg/m^3），2015 年达到 13.7 ± 6.6 μg/m^3，之后波动下降。2023 年，新疆阿克达拉区域大气本底站 $PM_{2.5}$ 平均质量浓度为 11.5 ± 5.9 μg/m^3，较 2022 年下降 7.2 μg/m^3。

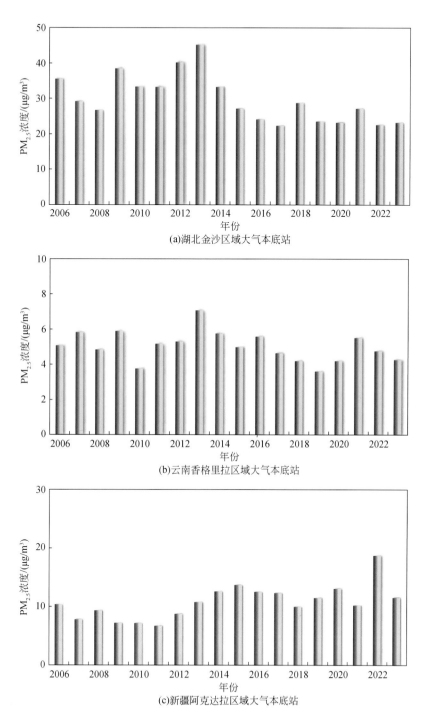

(a)湖北金沙区域大气本底站

(b)云南香格里拉区域大气本底站

(c)新疆阿克达拉区域大气本底站

图 5.15　2006 ～ 2023 年湖北金沙、云南香格里拉和新疆阿克达拉区域大气本底站
PM$_{2.5}$ 年平均浓度变化

Figure 5.15　Changes in annual mean PM$_{2.5}$ concentrations observed at (a) Jinsha,(b) Shang-rila, and
(c) Akedala atmospheric

数 据 来 源

本报告中所用地面和探空观测、卫星遥感数据主要源自中国气象局，其中气温、相对湿度、风速、日照时数和地表温度使用均一化数据集。

英国气象局哈德莱中心（全球表面温度、海表温度）：www.metoffice.gov.uk

美国国家海洋与大气管理局（全球表面温度、冒纳罗亚全球大气本底站温室气体浓度）：www.noaa.gov

美国国家航空航天局戈达德研究所（全球表面温度）：www.giss.nasa.gov

伯克利地球研究组织（全球表面温度）：berkeleyearth.org

中国香港天文台（香港气温、降水量、海平面）：www.weather.gov.hk

中国科学院大气物理研究所（全球海洋热含量、盐度）：www.ocean.iap.ac.cn

国家海洋信息中心（海平面）：www.nmdis.org.cn

青海省水利厅（青海湖水位）：slt.qinghai.gov.cn

世界冰川监测服务处（全球参照冰川物质平衡）：www.wgms.ch

中国科学院冰冻圈科学国家重点实验室（冰川、多年冻土）：www.sklcs.ac.cn

美国国家冰雪数据中心（南、北极海冰范围）：nsidc.org

中国物候观测网（植物物候）：www.cpon.ac.cn

中国科学院东北地理与农业生态研究所（红树林面积）：www.neigae.ac.cn

比利时皇家天文台（太阳黑子相对数）：www.astro.oma.be

世界气象组织全球大气监视网计划（全球温室气体浓度）：public.wmo.int/en

报告编写组和贡献单位

报告编写组

顾　问：秦大河　丁一汇

主　编：巢清尘

副主编：袁佳双　王朋岭

第 1 章　大气圈

领衔作者：柳艳菊　曹丽娟

主要作者：王　冀　王长科　王东阡　王遵娅　方冬青　艾婉秀　申彦波　冯爱青
　　　　　朱晓金　任玉玉　刘玉莲　李子祥　杨国威　吴　蔚　何　健　郑永光
　　　　　郭艳君　黄　磊　廖要明

第 2 章　水圈

领衔作者：成里京　许红梅

主要作者：王　慧　王　苗　方　锋　刘彩红　李子祥　杨明珠　邵佳丽　翟建青

第 3 章　冰冻圈

领衔作者：康世昌　吴通华

主要作者：马丽娟　王世金　王璞玉　闫宇平　杜　军　李忠勤　何晓波　周芳成
　　　　　赵春雨　秦　翔　郭兆迪

第 4 章　生物圈

领衔作者：张晔萍　黄　晖

主要作者：王艳姣　李婷婷　汪卫平　陈燕丽　段春锋　贾明明　蒋友严　程晋昕
　　　　　戴君虎

第 5 章　气候变化驱动因子

领衔作者：车慧正　靳军莉

主要作者：申彦波　朱　琳　刘立新　孙万启　郑　宇　郑向东　荆俊山　娄梦筠
　　　　　郭建广

主要贡献单位

国家气候中心、国家气象中心、国家卫星气象中心、国家气象信息中心、中国气象局气象探测中心、中国气象局公共气象服务中心、中国气象科学研究院，北京市气象局、辽宁省气象局、黑龙江省气象局、上海市气象局、安徽省气象局、湖北省气象局、广东省气象局、广西壮族自治区气象局、贵州省气象局、云南省气象局、西藏自治区气象局、甘肃省气象局、青海省气象局、香港天文台，中国科学院西北生态环境资源研究院、中国科学院大气物理研究所、中国科学院地理科学与资源研究所、中国科学院东北地理与农业生态研究所、中国科学院南海海洋研究所，自然资源部国家海洋信息中心等。

参考文献

陈哲，杨溯 . 2014. 1979—2012 年中国探空温度资料中非均一性问题的检验与分析 . 气象学报，72(4):794-804.

程国栋，赵林，李韧，等 . 2019. 青藏高原多年冻土特征、变化及影响 . 科学通报，64(27): 2783-2795.

丁一汇 . 2013. 中国气候 . 北京：科学出版社 .

杜文涛，秦翔，刘宇硕，等 . 2008. 1958—2005 年祁连山老虎沟 12 号冰川变化特征研究 . 冰川冻土，30(3):373-379.

段春锋，田红，黄勇，等 . 2020. 淮河流域稻麦轮作农田生态系统 CO_2 通量多时间尺度变化特征 . 气象科技进展，10(5):138-145.

葛全胜，戴君虎，郑景云 . 2010. 物候学研究进展及中国现代物候学面临的挑战 . 中国科学院院刊，25(3):310-316.

龚道溢，何学兆 . 2002. 西太平洋副热带高压的年代际变化及其气候影响 . 地理学报，57(2):185-193.

黄晖，陈竹，黄林韬 . 2021. 中国珊瑚礁状况报告（2010—2019）. 北京：海洋出版社 .

金章东，张飞，王红丽，等 . 2013. 2005 年以来青海湖水位持续回升的原因分析 . 地球环境学报，4(5):1355-1362.

李林，申红艳，刘彩红，等 . 2020. 青海湖水位波动对气候暖湿化情景的响应及其机理研究 . 气候变化研究进展，16(5): 600-608.

李忠勤，等 . 2019. 山地冰川物质平衡和动力过程模拟 . 北京：科学出版社 .

廖宝文，张乔民 . 2014. 中国红树林的分布、面积和树种组成 . 湿地科学，12(4):435-440.

林鹏 . 1997. 中国红树林生态系统 . 北京：科学出版社 .

刘良云 . 2014. 植被定量遥感原理与应用 . 北京：科学出版社 .

刘芸芸，李维京，左金清，等 . 2014. CMIP5 模式对西太平洋副热带高压的模拟和预估 . 气象学报，72(2):277-290.

潘蔚娟，吴晓绚，何健，等 . 2021. 基于均一化资料的广州近百年气温变化特征研究 . 气候变化研究进展，17(4):444-454.

秦大河，丁永建 . 2022. 中国气候与生态环境演变：2021（综合卷）. 北京：科学出版社 .

秦翔，崔晓庆，杜文涛，等 . 2014. 祁连山老虎沟冰芯记录的高山区大气降水变化 . 地理学报，69(5):681 - 689.

全国气候与气候变化标准化技术委员会 . 2017. 厄尔尼诺 / 拉尼娜事件判别方法：GB/T 33666—2017. 北京：中国标准出版社 .

施能，朱乾根，吴彬贵 . 1996. 近 40 年东亚夏季风及我国夏季大尺度天气气候异常 . 大气科学，20(5):

575-583.

施雅风 . 1988. 中国冰川概论 . 北京：科学出版社 .

唐国利，任国玉 . 2005. 近百年中国地表气温变化趋势的再分析 . 气候与环境研究，10(4):791-798.

杨修群，朱益民，谢倩，等 . 2004. 太平洋年代际振荡的研究进展 . 大气科学，28 (6): 979-992.

张廷军，车涛 . 2019. 北半球积雪及其变化 . 北京：科学出版社 .

朱立平，鞠建廷，乔宝晋，等 . 2019. "亚洲水塔"的近期湖泊变化及气候响应：进展、问题与展望 . 科学通报，64(27):2796-2806.

朱艳峰 . 2008. 一个适用于描述中国大陆冬季气温变化的东亚冬季风指数 . 气象学报 , 66(5): 781-788.

Abraham J P, Baringer M, Bindoff N L, et al. 2013. A review of global ocean temperature observations: Implications for ocean heat content estimates and climate change. Reviews of Geophysics, 51(3): 450-483.

Bjerknes J. 1964. Atlantic air-sea interaction. Advances in Geophysics, 10: 1-82.

Che H Z, Xia X G, Zhao H J, et al. 2019. Spatial distribution of aerosol microphysical and optical properties and direct radiative effect from the China Aerosol Remote Sensing Network. Atmospheric Chemistry and Physics, 19(18): 11843-11864.

Che H Z, Zhang X Y, Xia X G, et al. 2015. Ground-based aerosol climatology of China: Aerosol optical depths from the China Aerosol Remote Sensing Network (CARSNET) 2002–2013. Atmospheric Chemistry and Physics, 15(13): 7619-7652.

Chen Y L, Mo W H, Huang Y L, et al. 2021. Changes in vegetation and assessment of meteorological conditions in ecologically fragile karst areas. Journal of Meteorological Research, 35(1): 172-183.

Cheng L J, Abraham J, Hausfather Z, et al. 2019. How fast are the oceans warming?. Science, 363(6423): 128-129.

Cheng L, Abraham J, Trenberth K E, et al. 2024. New record ocean temperatures and related climate indicators in 2023. Advances in Atmospheric Sciences, 41(6): 1068-1082.

Cheng L J, Trenberth K E, Fasullo J, et al. 2017. Improved estimates of ocean heat content from 1960-2015. Science Advances, 3(3): e1601545.

Cheng L J, Trenberth K E, Gruber N, et al. 2020. Improved estimates of changes in upper ocean salinity and the hydrological cycle.Journal of Climate, 33(23): 10357-10381.

Clette F, Lefèvre L. 2016. The new sunspot number: Assembling all corrections. Solar Physics, 291(9): 2629-2651.

Dai J H, Wang H J, Ge Q S. 2014. The spatial pattern of leaf phenology and its response to climate change in China. International Journal of Biometeorology, 58(4): 521-528.

Demarée G R , Rutishauser T. 2011. From "Periodical Observations" to "Anthochronology" and "Phenology" —the scientific debate between Adolphe Quetelet and Charles Morren on the origin of the word "Phenology". International Journal of Biometeorology, 55(6): 753-761.

Durack P J. 2015. Ocean salinity and the global water cycle. Oceanography, 28(1): 20-31.

Fox-Kemper B, Hewitt H T, Xiao C, et al. 2021.Ocean, cryosphere and sea level change//Masson-Delmotte V, Zhai P,Pirani A. Climate Change 2021: The Physical Science Basis .Contribution of Working Group I to the Sixth Assessment Report of the Intergovernmental Panel on Climate Change. Cambridge:Cambridge

University Press: 1211-1362.

Ge Q S, Wang H J, Rutishauser T, et al. 2015. Phenological response to climate change in China: a meta-analysis. Global Change Biology, 21(1): 265-274.

Global Volcanism Program. 2024.［Database］Volcanoes of the World (v. 5.1.6; 2 Mar 2024). Distributed by Smithsonian Institution, compiled by Venzke, E. https://doi.org/10.5479/si.GVP.VOTW5-2023.5.1 ［2024-04-06］.

Guo Y J, Weng F Z, Wang G F, et al. 2020. The long-term trend of upper-air temperature in China derived from microwave sounding data and its comparison with radiosonde observations. Journal of Climate, 33(18):7875-7895.

Held I M , Soden B J, 2006. Robust responses of the hydrological cycle to global warming. Journal of Climate, 19(21): 5686-5699.

IPCC. 2019. Summary for policymakers//Pörtner H O, Roberts D C, Masson-Delmotte V, et al.IPCC Special Report on the Ocean and Cryosphere in a Changing Climate. Cambridge :Cambridge University Press: 3-35.

IPCC. 2022. Climate change 2022: Impacts, adaptation and vulnerability//Pörtner H O, Roberts D C, Tignor M, et al. Contribution of Working Group II to the Sixth Assessment Report of the Intergovernmental Panel on Climate Change.Cambridge :Cambridge University Press: 3056.

Keeling C D, Bacastow R B, Bainbridge A E, et al. 1976. Atmospheric carbon dioxide variations at Mauna Loa Observatory, Hawaii. Tellus, 28(6): 538-551.

Li G C, Cheng L J, Zhu J, et al. 2020. Increasing ocean stratification over the past half century. Nature Climate Change, 10(12): 1116-1123.

Liu J D, Linderholm H, Chen D L, et al. 2015. Changes in the relationship between solar radiation and sunshine duration in large cities of China. Energy, 82: 589-600.

Liu Y S, Qin X, Chen J Z, et al. 2018. Variations of Laohugou Glacier No.12 in the western Qilian Mountains, China, from 1957 to 2015. Journal of Mountain Science, 15(1): 25-32.

Manney G L, Livesey N J, Santee M L, et al. 2020. Record-low Arctic stratospheric ozone in 2020: MLS observations of chemical processes and comparisons with previous extreme winters. Geophysical Research Letters, 47(16): e2020GL089063.

Mantua N J, Hare S R, Zhang Y, et al. 1997. A Pacific interdecadal climate oscillation with impacts on salmon production. Bulletin of the American Meteorological Society, 78(6): 1069-1079.

Meredith M, Sommerkorn M, Cassotta S, et al. 2019. Polar regions.// Pörtner H O, Roberts D C, Masson-Delmotte V, et al. IPCC Special Report on the Ocean and Cryosphere in a Changing Climate. Cambridge:Cambridge University Press:203-320.

Mo S H, Chen T R, Chen Z S, et al. 2022. Marine heatwaves impair the thermal refugia potential of marginal reefs in the northern South China Sea. The Science of Total Environment, 825: 154100.

Rayner N A, Parker D E, Horton E B, et al. 2003. Global analyses of sea surface temperature, sea ice, and night marine air temperature since the late nineteenth century. Journal of Geophysical Research, 108(D14): 4407.

Rhein M, Rintoul S R, Aoki S, et al. 2013. Observations: Ocean// Stocker T F, Qin D, Plattner G-K, et al.Climate Change 2013: The Physical Science Basis. Contribution of Working Group Ⅰ to the Fifth Assessment Report of the Intergovernmental Panel on Climate Change. Cambridge: Cambridge University Press: 255-316.

Saji N H, Goswami B N, Vinayachandran P N, et al. 1999. A dipole mode in the tropical Indian Ocean. Nature, 401(6751): 360-363.

Shi Y, Xia Y F, Lu, B H, et al. 2014. Emission inventory and trends of NO_x for China, 2000–2020. Journal of Zhejiang University-SCIENCE A, 15(6): 454-464.

Skirving W, Marsh B, De La Cour, J, et al. 2020. CoralTemp and the coral reef watch coral bleaching heat stress product suite version 3.1. Remote Sensing, 12(23): 3856.

Schwartz M D. 2013. Introduction. // Schwartz M D. Phenology: An Integrative Environmental Science. Dordrecht:Springer Netherlands: 1-5.

Tan H J, Cai R S, Wu R G. 2022. Summer marine heatwaves in the South China Sea: Trend, variability and possible causes. Advances in Climate Change Research, 13(3): 323-332.

Thompson D W J, Wallace J M. 1998. The Arctic Oscillation signature in the wintertime geopotential height and temperature fields. Geophysical Research Letters, 25(9): 1297-1300.

Wang S J, Che Y J, Pang H X, et al. 2020. Accelerated changes of glaciers in the Yulong Snow Mountain, Southeast Qinghai-Tibetan Plateau. Regional Environmental Change, 20(2): 38.

Wang Y J, Song L C, Ye D X, et al. 2018. Construction and application of a climate risk index for China. Journal of Meteorological Research, 32(6): 937-949.

Webster P J, Moore A M, Loschnigg J P, et al. 1999. Coupled ocean-atmosphere dynamics in the Indian Ocean during 1997-98. Nature, 401(6751): 356-360.

Webster P J, Yang S. 1992. Monsoon and ENSO: Selectively interactive systems. Quarterly Journal of the Royal Meteorological Society, 118(507): 877-926.

WMO. 2024. State of the Global Climate 2023 (WMO-No. 1347). https://library.wmo.int/viewer/68835/download?file=1347_Statement_2023_en.pdf&type=pdf&navigator=1 ［2024-04-06］.

Xu W H, Li Q X, Jones P, et al. 2018a. A new integrated and homogenized global monthly land surface air temperature dataset for the period since 1900. Climate Dynamics, 50(7/8): 2513-2536.

Xu W, Xu X, Lin M, et al. 2018b. Long-term trends of surface ozone and its influencing factors at the Mt Waliguan GAW station, China – Part 2: The roles of anthropogenic emissions and climate variability. Atmospheric Chemistry and Physics, 18: 773-798.

Zemp M, Huss M, Thibert E, et al. 2019. Global glacier mass changes and their contributions to sea-level rise from 1961 to 2016. Nature, 568(7752): 382-386.

Zhang Y, Wallace J M, Battisti D S. 1997. ENSO-like interdecadal variability: 1900-93. Journal of Climate, 10(5): 1004-1020.

Zhou L X, Conway T J, White J W C, et al. 2005. Long-term record of atmospheric CO_2 and stable isotopic ratios at Waliguan Observatory: Background features and possible drivers, 1991–2002. Global Biogeochemical Cycles, 19(3): GB3021.

术 语 表

冰川物质平衡：物质平衡是指单位时间内冰川上以固态降水形式为主的物质收入（积累）与以冰川消融为主的物质支出（消融）的代数和。该值为负时，表明冰川物质发生亏损；反之则冰川物质发生盈余。

常年值：在本报告中，"常年值"是指 1991～2020 年气候基准期的常年平均值。凡是使用其他平均期的值，则用"平均值"一词。

地表水资源量：某特定区域在一定时段内由降水产生的地表径流总量，其主要动态组成为河川径流总量。

地表温度：指某一段时间内，陆地表面与空气交界处的温度。

多年冻土退化：在一个时段内（至少数年以上）多年冻土持续处于下列任何一种或者多种状态：多年冻土温度升高、活动层厚度增加、面积缩小。

二氧化碳通量：单位时间内通过单位面积的二氧化碳的量（质量或者物质的量）。

海洋热含量：是指一定体积海水的热能的变化，其由水体温度、密度和比热容三者乘积的体积积分计算。

海水周热度：某一海域的海水平均温度减去长期夏季平均温度之后乘以维持当前水温的周数，通常当周热度超过 4 则有珊瑚白化风险，超过 8 则可能发生广泛的珊瑚白化甚至死亡事件。

活动层厚度：多年冻土区年最大融化深度，在北半球一般出现在 8 月底至 9 月中，厚度在数十厘米至数米之间。

活动积温：是指植物在整个年生长期中高于生物学最低温度之和，即大于某一临界温度值的日平均气温的总和。

积雪覆盖率：监测区域内的积雪面积与区域总面积的比值。

季节最大冻结深度：在季节冻土区，冷季地表土层温度低于冻结温度后，土壤中的水分冻结成冰，从地面到冻结线之间的垂直距离称为冻结深度。最大冻结深度是标准气象观测场内的冻结深度的最大值。

径流深：在某一时段内通过河流上指定断面的径流总量（m^3 计）除以该断面以上的流域面积（以 m^2 计）所得的值，其相当于该时段内平均分布于该面积上的水深（以 mm 计）。

冷夜日数：指给定时段内日最低气温小于相对阈值的日数，相对阈值为气候基准期（1991～2020 年）内日最低气温升序排列的第 10% 个百分位值。

陆地表面平均气温：指某一段时间内，陆地表面气象观测规定高度（1.5 m）上的空气温度值的面积加权平均值。

年累计暴雨站日数：指一定区域范围内，一年中各站点达到暴雨量级的降水日数的逐站累计值。

年平均降水日数：指一定空间范围内，各站点一年中降水量大于等于 0.1 mm 日数的平均值。

年总辐射量：指地表一年中所接受到的太阳直接辐射和散射辐射之和。

暖昼日数：指给定时段内日最高气温大于相对阈值的日数，相对阈值为气候基准期（1991～2020 年）内日最高气温升序排列的第 90% 个百分位值。

平均年降水量：指一定区域范围内，一年降水量总和（mm）的面积加权平均值。

气溶胶光学厚度：定义为大气气溶胶消光系数在垂直方向上的积分，主要用来描述气溶胶对光的衰减作用，光学厚度越大，代表大气中气溶胶含量越高。

全球地表平均温度：是指与人类生活的生物圈关系密切的地球表面的平均温度，通常是基于按面积加权的海表温度（SST）和陆地表面 1.5 m 处的表面气温的全球平均值。

石漠化：是指在湿润、半湿润气候条件和岩溶极其发育的自然背景下，受人为活动干扰，使地表植被遭受破坏、土壤严重流失，基岩大面积裸露或砾石堆积的土地退化现象。

酸雨：pH 小于 5.60 的大气降水，大气降水的形式包括：雨、雪、雹等。

酸雨频率：某段时间（年，或季，或月）内日降水 pH 小于 5.60 的出现频率（%）。

太阳黑子相对数：表示太阳黑子活动程度的一种指数，是瑞士苏黎世天文台的 J.R. 沃尔夫在 1849 年提出的，因而又称沃尔夫黑子数。

物候：是指自然界的生物（主要指植物和动物）在不同季节受到气候影响出现的各种不同的生命现象，如植物的展叶、开花、结实和落叶，动物界候鸟的迁徙等都是物候。

盐度差指数：指高盐度海域的盐度变化和低盐度海域的盐度变化之差，"高"或"低"是相对于过去几十年的全球海洋平均盐度。

植被指数：对卫星不同波段进行线性或非线性组合以反映植物生长状况的量化信

息，本公报使用归一化植被指数。

中国气候风险指数：基于历史气候资料和极端天气气候事件致灾阈值，计算雨涝、干旱、台风、高温和低温冰冻 5 种气象灾害风险，结合社会经济数据和多年各灾种造成的损失，对 5 种气象灾害风险进行综合定量化评价的指数。